CAN DO! Learn SketchUp 2013 the right way

SketchUp 2013

铂金精粹版

超值全彩

SketchUp 2013
中文版 从入门到精通

❀ 杨卫波 史 原 宋 可 党 伟 郭琳琳／主 编
❀ 李 志 孙志远 杨思宇 刘爱清 张春玲／副主编

U0244692

中国青年出版社
CHINA YOUTH PRESS

中青雄狮

律师声明

北京市中友律师事务所李苗苗律师代表中国青年出版社郑重声明：本书由著作权人授权中国青年出版社独家出版发行。未经版权所有人和中国青年出版社书面许可，任何组织机构、个人不得以任何形式擅自复制、改编或传播本书全部或部分内容。凡有侵权行为，必须承担法律责任。中国青年出版社将配合版权执法机关大力打击盗印、盗版等任何形式的侵权行为。敬请广大读者协助举报，对经查实的侵权案件给予举报人重奖。

侵权举报电话

全国"扫黄打非"工作小组办公室   中国青年出版社

010-65233456 65212870   010-59521012

http://www.shdf.gov.cn   E-mail: editor@cypmedia.com

图书在版编目（CIP）数据

SketchUp 2013 从入门到精通：铂金精粹版 / 杨卫波等主编．

— 北京：中国青年出版社，2014.8

ISBN 978-7-5153-2580-4

I. ① S… II. ①杨 … III. ①建筑设计 – 计算机辅助设计 – 应用软件 IV. ① TU201.4

中国版本图书馆 CIP 数据核字（2014）第 166407 号

SketchUp 2013从入门到精通（铂金精粹版）

杨卫波 史原 宋可 党伟 郭琳琳 / 主编

李志 孙志远 杨思宇 刘爱清 张春玲 / 副主编

出版发行：中国青年出版社

地　　址：北京市东四十二条 21 号

邮政编码：100708

电　　话：（010）59521188 / 59521189

传　　真：（010）59521111

企　　划：北京中青雄狮数码传媒科技有限公司

策划编辑：张鹏

责任编辑：张军

封面制作：六面体书籍设计 孙素锦

印　　刷：北京九天众诚印刷有限公司

开　　本：787×1092 1/16

印　　张：14

版　　次：2014 年 8 月北京第 1 版

印　　次：2014 年 8 月第 1 次印刷

书　　号：ISBN 978-7-5153-2580-4

定　　价：69.80 元（附赠 1DVD，含语音视频教学 + 案例素材文件）

本书如有印装质量等问题，请与本社联系

电话：（010）59521188 / 59521189

读者来信：reader@cypmedia.com

投稿邮箱：author@cypmedia.com

如有其他问题请访问我们的网站：http://www.cypmedia.com

"北大方正公司电子有限公司"授权本书使用如下方正字体。

封面用字包括：方正粗雅宋简体，方正兰亭黑系列。

Preface 前言

说到SketchUp，相信业界的很多人都耳熟能详，它是一个极受欢迎且易于使用的3D设计软件，是三维建筑设计方案创作的优秀工具。SketchUp拥有独特简洁的界面和便捷的推拉功能，可以让初学者在短期内掌握。同时，它大大简化了3D绘图的过程，让使用者能够专注于设计。因此，SketchUp的应用领域涉及到建筑、规划、园林、景观、室内以及工业设计等众多方面。

Sketchup是一个直接面向设计方案创作过程的设计工具，其创作过程不仅能充分表达设计师的思想，而且能完全满足与客户即时交流的需要，它使得设计师可以直接在电脑上进行十分直观的构思。为了帮助读者在短时间内掌握并熟练应用SketchUp的最新版本，我们组织教学一线的教师编写了此书。全书以"理论+实例"的形式对SketchUp 2013的知识进行了阐述，以强调知识点的实际应用性。

全书共9章，各章的主要内容介绍如下：

章 节	内 容
Chapter 01	主要讲解了 SketchUp 2013 的应用领域、工作界面及基本设置等知识
Chapter 02	主要讲解了 SketchUp 2013 的基本操作，包括绘图工具、编辑工具、建筑施工工具等一些基本工具的使用
Chapter 03	主要讲解了模型的高级操作、场景的显示、光影的设置及漫游工具的使用
Chapter 04	主要讲解了沙盒工具的使用，并简要介绍了插件的知识
Chapter 05	主要讲解了 SketchUp 的导入与导出功能，从而体现出与其他几种绘图工具的密切关系
Chapter 06	主要讲解了室内户型图的制作过程
Chapter 07~09	主要讲解了室外建筑模型及场景的创建方法，主要涉及建筑设计领域、规划设计领域的模型制作

本书既可作为了解SketchUp 2013各项功能和最新特性的应用指南，又可作为提高用户设计和创新能力的指导。本书适用于以下读者：
- 室内外效果图制作初学者
- 建筑设计人员
- 装饰装潢培训班学员与大中专院校相关专业师生
- 图像设计爱好者

本书内容知识结构安排合理，语言组织通俗易懂，在讲解每一个知识点时，附加以小应用案例进行说明。正文中还穿插介绍了很多细小的知识点，均以"知识链接"和"专家技巧"栏目体现。每章最后都安排有和"课后练习"栏目，以对前面所学知识加以巩固练习。此外，随书附赠光盘中记录了典型案例的教学视频，以供读者模仿学习。

本书在编写和案例制作过程中力求严谨细致，但由于水平和时间有限，疏漏之处在所难免，望广大读者批评指正。我们的邮箱是itbook2008@163.com。

编 者

Contents

目 录

Chapter

01

SketchUp 2013轻松入门

Chapter 02

SketchUp的基本操作

Chapter 03

SketchUp的高级操作

Chapter

04

沙盒工具的应用

Chapter 05

SketchUp的导入与导出

Chapter 06

室内户型图的制作

Chapter 07

别墅建筑模型设计

Chapter 08

住宅区规划设计

Chapter

09

海上度假别墅设计

Appendix

附 录

Special Thanks to

谨此，对长期以来一直关注和支持中国青年出版社计算机图书出版的朋友们致以衷心的感谢！

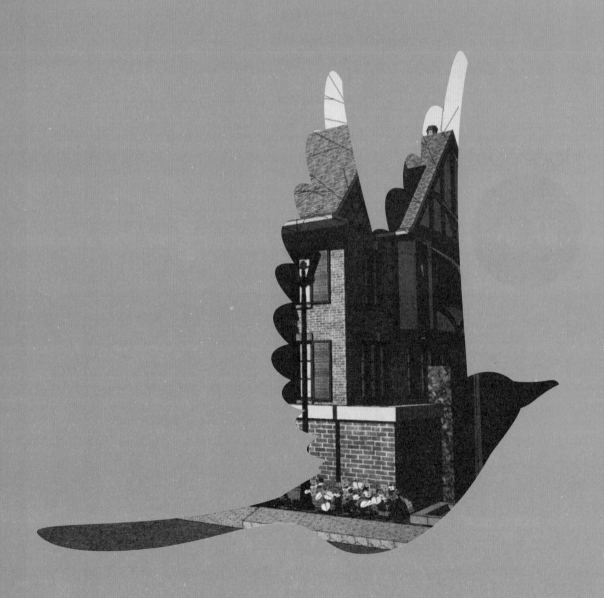

Chapter 01

SketchUp 2013轻松入门

SketchUp是一款功能强大且简便易学的绘图工具，它融合了铅笔画的优美与自然笔触，可以迅速地建构、显示、编辑三维建筑模型，并导出透视图、DWG或DXF格式的2D向量文件等尺寸正确的平面图形。本章主要介绍SketchUp软件的应用领域、用途、软件特点以及相关工作环境等，为后面章节的学习做好准备。

重点难点

- SketchUp的应用领域
- SketchUp工作环境的设置
- SketchUp的视图操作
- 物体对象的选择

Section 01 SketchUp 2013 概述

SketchUp建筑草图设计工具是一个令人耳目一新的设计工具，它给建筑师带来边构思边表现的体验，打破建筑师设计思想表现的束缚，帮助建筑师快速形成建筑草图，创作建筑方案。SketchUp被建筑师称为最优秀的建筑草图工具，是建筑创作上的一大革命。

01 SketchUp 软件介绍

SketchUp是一款极易掌握的三维软件，也就是我们常说的"草图大师"。其界面简洁，操作命令也很简单，可以便捷地对三维模型创建进行创建和修改。对于SketchUp的运用，通常我们会结合3ds Max、VRay或者LUMION等软件或插件制作建筑方案、景观方案、室内方案等。

SketchUp之所以能够快速、全面地被室内设计、建筑设计、园林景观、城市规划等诸多设计领域设计者接受并推崇，主要有以下几种区别于其他三维软件的特点。

1. 直观的显示效果

在使用SketchUp进行设计创作时，可以实现"所见即所得"，使用者绘制的图形在设计过程中的任何阶段都可以作为直观的三维成品来观察，并且能够快速切换不同的显示风格。它让使用者不但摆脱了传统绘图方法的繁重与枯燥，还可以与客户进行更为直接、有效的交流。

2. 建模高效快捷

SketchUp提供三维的坐标轴，这一点和3ds Max的坐标轴相似。但是SketchUp有个特殊功能，就是在绘制草图时，只要稍微留意一下跟踪线的颜色，就可以准确定位图形的坐标。笔者个人的工作经验证明，这一功能比3ds Max软件的轴向捕捉要方便得多。

SketchUp"画线成面，推拉成体"的操作方法极为便捷，在软件中不需要频繁地切换视图，有了智能绘图工具（如平行、垂直、量角器等），可以直接在三维界面中轻松地绘制出二维图形，然后直接推拉成三维立体模型。另外，我们还可以通过数值输入框手动输入数值进行建模，以确保模型尺寸的标准。

3. 材质和贴图使用便捷

SketchUp拥有自己的材质库，同时我们也可以根据自己的需要赋予模型各种材质和贴图，并且令其实时显示出来，从而直观地看到效果。我们也可以将自定义的材质添加到材质库，以便于在以后的设计制作中直接应用。基于这个特点，SketchUp的制作效率很高，但是也因为材质实时显示而占用了较多的电脑资源。

另外，SketchUp还可以直接用Google Map的全景照片来进行模型贴图，这对制作类似于"数字城市"的项目来说，是一种提高效率的方法。

材质确定后，可以方便地修改色调，并能够直观地显示修改结果，以避免反复的试验过程。另外，通过调整贴图的颜色，一张贴图也可以改变为不同颜色的材质。

4. 全面的软件支持与互转

SketchUp虽然俗称"草图大师"，但是其功能远远不局限于方案设计的草图阶段。SketchUp不但能够在模型的建立上满足建筑制图高精确度的要求，还能完美结合VRay、Piranesi、Artlantis等渲染器实现多种风格的表现效果。

　　此外SketchUp与AutoCAD、3ds Max、Revit等常用设计软件可以进行十分快捷的文件转换互用，从而满足多个设计领域的需求。

02　SketchUp 应用领域

　　SketchUp的应用领域除了室内外建筑设计、景观建筑设计之外，还包括产品工业造型、游戏角色和游戏场景开发等领域，如下图所示。

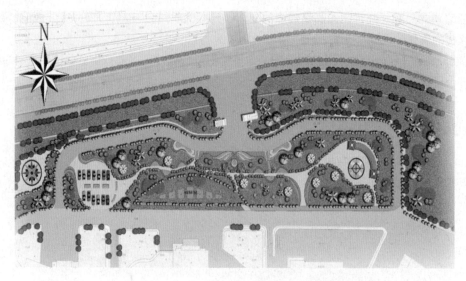

Section 02 SketchUp 2013 工作界面

SketchUp以简易明快的操作风格在三维设计软件中占有一席之地，其界面非常简洁，初学者很容易上手。

当完成SketchUp 2013的安装后，我们即可双击其桌面快捷方式图标进行启动，其启动界面、主界面均体现了简易明快的风格，其中主界面也即工作界面又可分为菜单栏、工具栏、状态栏、数值控制栏和绘图区，下面分别进行介绍。

01 启动界面与主界面

下面，我们来认识一下SketchUp的启动界面与主界面。

1. SketchUp的启动界面

软件安装完成后，打开SketchUp，首先出现的是SketchUp 2013的启动界面，用户可以自行选择模板，如右图所示。

SketchUp有很多模板可以选择，如右图所示。使用者可以根据自己的需求选择相对应的模板进行设计建模。选择好合适的模板后，单击"开始使用SketchUp"按钮，就可以开始使用了。

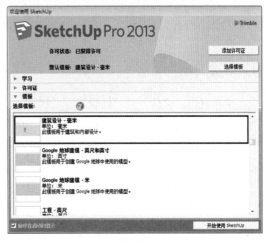

2. SketchUp的主界面

SketchUp 2013的默认工作界面十分简洁，主要由"菜单栏"、"工具栏"、"状态栏"、"数值控制栏"以及中间的"绘图区"构成，如下图所示。

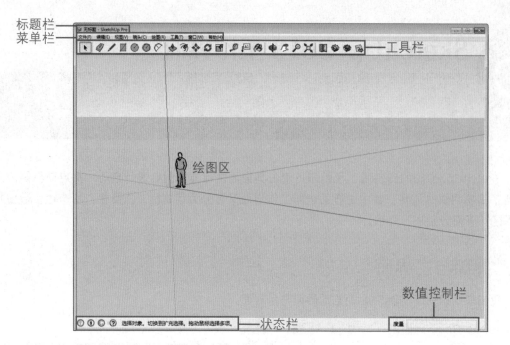

标题栏位于界面最顶部，左侧是当前编辑文件的名称。

菜单栏位于标题栏下方，显示SketchUp中的几大菜单命令。

工具栏中含有部分SketchUp中的命令或称工具，如工具图标、视图、图层、获取模型、分享模型、添加新建筑物等；其中许多工具与菜单栏中的是重合的。这些工具如果经常使用，可以从工具栏中直接选择。

状态栏显示当前操作的状态，也会对命令进行描述和操作提示。

数值控制栏是在建模操作中用于输入数值的，这里会显示绘图中模型的尺寸信息。在输入数值时不需要点击数值输入框，直接在键盘上输入数值即可。

知识链接

大工具栏在初始工作界面是看不到的，需要执行"视图>工具条"命令，在"工具栏"对话框"工具栏"列表中选择"大工具集"选项之后才会显示。我们会在后文中进行详细介绍。

02 菜单栏

菜单栏由"文件"、"编辑"、"视图"、"镜头"、"绘图"、"工具"、"窗口"、"帮助"8个菜单构成，每个菜单都可以打开相应的"子菜单"及"次级子菜单"，如右图所示。

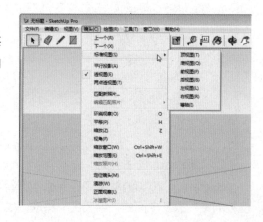

03 工具栏

　　工具栏是浮动窗口，可排列在视窗的左边或者大工具栏的下面，并且可以根据我们的个人习惯进行设置，这样在设计制作的时候就方便多了。默认状态下的SketchUp仅有横向工具栏，主要为"绘图"、"测量"、"编辑"等工具组按钮。另外，通过执行"视图＞工具条"命令，在打开的"工具栏"对话框中也可以调出或者关闭某个工具栏，如右图所示。

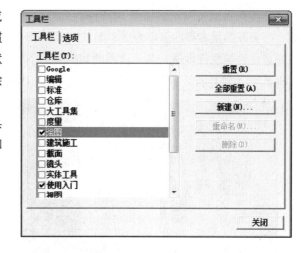

04 状态栏

　　状态栏位于绘图区的下面，左端是命令提示和SketchUp的状态信息。这些信息会随着绘制的东西而改变，但是总的来说是对命令的描述，提供操作按键说明并简述它们怎么修改。当操作者在绘图区进行任意操作时，状态栏中就会出现相应的文字提示，根据这些提示，操作者可以更加准确地完成操作，如右图所示。

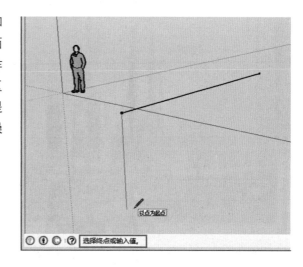

05 数值控制栏

　　数值控制栏显示绘图中的尺寸信息，也可以接受输入的数值。在进行精确模型创建时，可以通过键盘直接在数值输入框内输入"长度"、"半径"、"角度"、"个数"等数值，以准确指定所绘图形的大小，如右图所示。

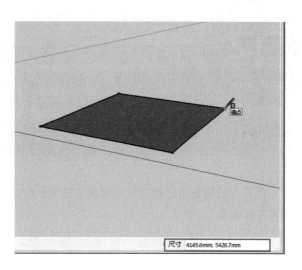

06 绘图区

绘图区占据了SketchUp工作界面的大部分空间，与Maya、3ds Max等大型三维软件的平面、立面、剖面及透视多视图显示方式不同，SketchUp为了界面的简洁，仅设置了单视口，通过对应的工具按钮或快捷键快速地进行各个视图的切换，如下图（1~3）所示，有效减轻了系统显示的负担。而通过SketchUp独有的"剖面"工具还能快速实现如下图（4）所示的剖面效果。

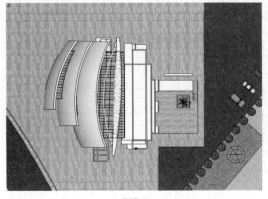

顶视图

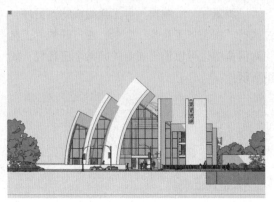

立面图

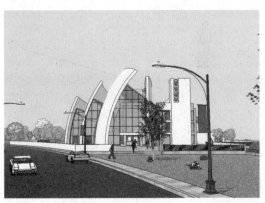

透视图

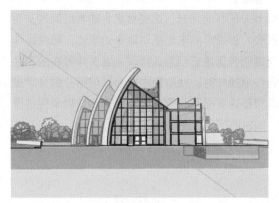

剖面图

Section 03 SketchUp 2013 工作环境的设置

通常，用户喜欢打开软件后就开始进行图形绘制，其实这种方法是错误的。大多数工程设计软件（如3ds Max、AutoCAD、ArchiCAD、MicroStation等），默认情况下都是以美制单位作为绘图基本单位，因此绘图的第一步应该是进行工作环境的设置。

用户可以根据自己的操作习惯来设置SketchUp的单位、工具栏、快捷键等工作环境，可以有效地提高工作效率。

01 自定义快捷键

SketchUp为一些常用工具设置了默认快捷键，如下左图所示。用户也可以自定义快捷键，以符合个人的操作习惯，操作步骤如下。

Step 01 单击"窗口"命令，在弹出的子菜单中单击"使用偏好"命令，如下右图所示。

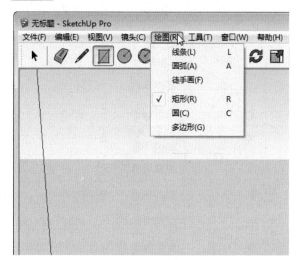

Step 02 打开"系统使用偏好"对话框，在左侧单击"快捷方式"选项，即可在右侧自定义快捷键，如下左图所示。

Step 03 输入快捷键后，单击用小加号表示的"添加"按钮即可。如果该快捷键已经被其他命令占用，系统将会弹出如下右图所示的对话框，此时单击"是"按钮即会将原有快捷键代替。

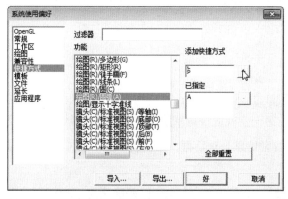
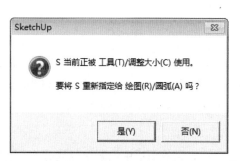

Step 04 如果要删除已经设置好的快捷键，只需要在右侧单击选择已指定的快捷键，再单击用小减号表示的"删除"按钮即可，如右图所示。

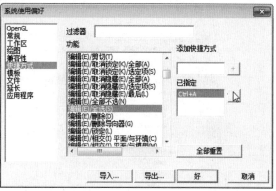

知识链接

下面对常见的快捷键设置进行介绍。

线段		L	漫游		W	平行偏移		O
圆弧		A	透明显示		Alt+	量角器		V
多边形		N	消隐显示		Alt+2	尺寸标注		D
选择		空格键	贴图显示		Alt+4	三维文字		Shift+Z
橡皮擦		E	等角透视		F2	视图平移		H
移动		M	前视图		F4	充满视图		Shift+
缩放		S	左视图		F6	回到下个视图		F9
路径跟随		J	矩形		B	绕轴旋转		K
测量		Q	圆		C	添加剖面		P
文字标注		T	不规则线段		F	线框显示		Alt+1
坐标轴		Y	油漆桶		X	着色显示		Alt+3
视图旋转		鼠标中键	定义组件		G	顶视图		F3
视图缩放		Z	旋转		R	后视图		F5
回到上个视图		F8	推拉		U	右视图		F7
相机位置		I						

02 设置场景单位

SketchUp在默认情况下是以美制英寸为绘图单位，而我国设计规范均以毫米（米制）为单位，精度则通常保持为0mm。因此在使用SketchUp时，第一步就应该将系统单位调整好，操作步骤如下。

Step 01 执行"窗口>模型信息"命令，打开"模型信息"对话框，在左侧单击"单位"选项，如下左图所示。

Step 02 在右侧的面板中设置单位格式为"十进制"，单位为"mm"，精确度为"0mm"，如下右图所示。

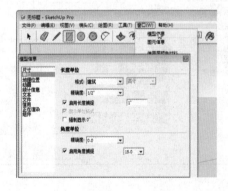

知识链接

在启动SketchUp时，会弹出启动界面，在"模板"选项板中也可以设置毫米制的建筑绘图模板。

03 设置文件自动保存

为了防止断电等突发情况造成文件的丢失，SketchUp提供了文件自动备份与保存的功能，设置步骤如下。

Step 01 单击"窗口"命令，在弹出的子菜单中单击"使用偏好"命令，如下左图所示。

Step 02 打开"系统使用偏好"对话框，在左侧单击"常规"选项，在右侧的面板中勾选"创建备份"、"自动保存"复选框，并设置保存时间，如下右图所示。

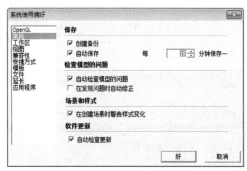

专家技巧

创建备份与自动保存是两个概念，如果只勾选"自动保存"复选框，则数据将直接保存在已经打开的文件上。只有同时勾选"创建备份"复选框，才能够将数据另存在一个新的文件上，这样，即使打开的文件出现损坏，还可以使用备份文件。

Step 03 单击左侧"文件"选项，在右侧单击"模型"后的"设置路径"按钮，如下左图所示。

Step 04 打开"浏览文件夹"对话框，从中选择自动备份的文件路径即可，如下右图所示。

04 保存与调用模板

设置好以上的工作环境之后，还可以将其保存为模板文件，在以后的工作中可以随时调用，设置步骤如下。

Step 01 执行"文件>另存为模板"命令，打开"另存为模板"对话框，输入模板名称以及文件名，勾选"设为预设模板"复选框，再单击"保存"按钮，如下左图所示。

Step 02 设置完成后，关闭并重新打开SketchUp，在启动界面中即可选择之前保存好的模板文件，如下右图所示。

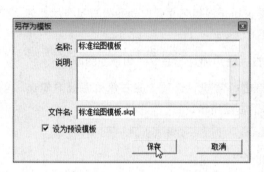

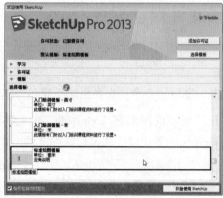

知识链接

如果在启动SketchUp时忘记调用模板，还可以在"系统使用偏好"对话框中选择"模板"选项，即可在右侧选择之前保存过的模板文件，如右图所示。

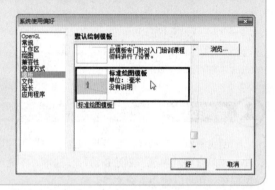

Section 04 SketchUp 2013 视图操作

在使用SketchUp进行方案推敲的过程中，经常会需要通过视图的切换、缩放、平移等操作，来确定模型的创建位置或观察当前模型的细节效果。因此可以说，熟练地对视图进行操控是掌握SketchUp其他功能的前提。

01 切换视图

SketchUp切换视图主要是通过"视图"工具栏中的6个视图按钮进行快速切换，如右图所示。单击其中的按钮即可切换到相应的视图，依次为等轴（透视图）、俯（顶）视图、主（前）视图、右视图、后视图、左视图，如下图所示。

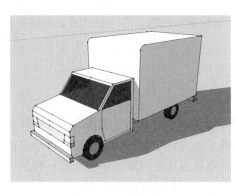
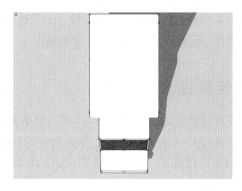

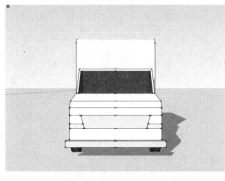
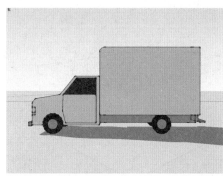

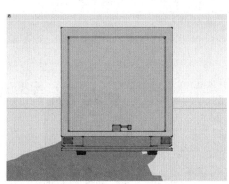
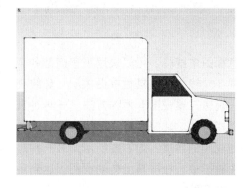

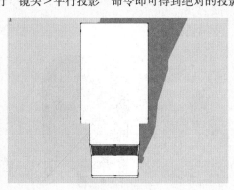
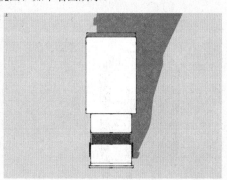

专家技巧

　　SketchUp默认设置为"透视显示"，因此所得到的平面与立面视图都非绝对的投影效果，如下左图所示。执行"镜头＞平行投影"命令即可得到绝对的投影视图，如下右图所示。

由于计算机屏幕观察模型的局限性，为了达到三维精确作图的目的，设计者必须转换到最精确的视图窗口操作，这时对模型的操作才最准确。

02 旋转视图

在介绍旋转视图之前，需要先向大家介绍有关三维视图的两个类别：透视图与轴测图。

透视图是模拟人的视觉特征，使图形中的物体有"近大远小"的消失关系，如下左图所示。而轴测图虽然是三维视图，但是距离视点近的物体与距离视点远的物体大小显示是一样的，如下右图所示。

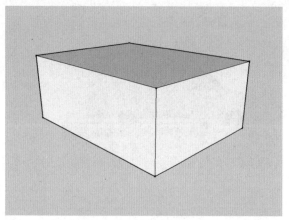 

在任意视图中旋转，可以快速观察模型各个角度的效果，"镜头"工具栏中提供了"环绕观察"命令。旋转三维视图有两种方法：一种是直接单击工具栏中的"环绕观察"按钮，直接旋转屏幕以达到观测的角度，如右图所示；另一种是按住鼠标中键不放，在屏幕上转动视图以达到观测的角度，如下图所示。

03 缩放视图

通过缩放工具可以调整模型在视图中的显示大小，从而进行整体细节或局部细节的观察，SketchUp的"镜头"工具栏中提供了多种视图缩放工具，如右图所示。

1."缩放"工具

"缩放"用于调整整个模型在视图中的大小。单击"镜头"工具栏中的"缩放"按钮，按住鼠标左键不放，从屏幕下方往上方移动是扩大视图，从屏幕上方往下方移动是缩小视图，如下图所示。

原模型显示   缩小模型   放大模型

> **知识链接**
>
> 默认设置下"缩放"的快捷键为"Z"，此外前后滚动鼠标滚轮也可以进行缩放操作。

2."缩放窗口"工具

通过"缩放窗口"可以划定一个显示区域，位于划定区域内的模型将在视图内最大化显示。单击"镜头"工具栏中的"缩放窗口"按钮，然后在视图中划定一个区域即可进行缩放，如下图所示。

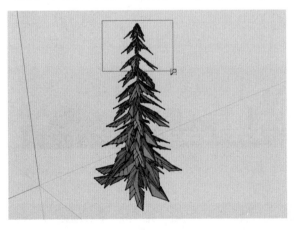

3."缩放范围"工具

"缩放范围"工具可以快速地将场景中所有可见模型以屏幕中心为中心进行最大化显示。其操作步骤也非常简单，单击"镜头"工具栏中的"缩放范围"按钮即可，设置前后效果如下图所示。

04 平移视图

　　"平移"工具可以保持当前视图内模型显示大小比例不变，整体拖动视图进行任一方向的移动，以观察到当前未显示在视窗内的模型。

　　单击"镜头"工具栏中的"平移"按钮，当视图中出现抓手图标时，拖动鼠标即可进行视图的平移操作，如下图（1~3）所示依次为原始图效果、向左平移效果、向右平移效果。

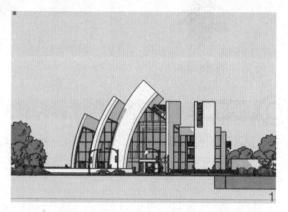

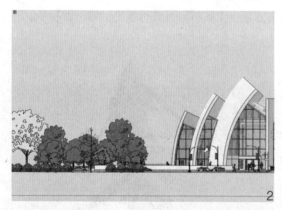

> ⟳ **知识链接**
>
> 按住键盘上的Shift键同时按住鼠标中键，也可以进行视图的平移。

05 撤销、返回视图工具

　　在进行视图操作时，难免会出现错误操作。这时使用"镜头"工具栏中的"上一个"按钮🔍或"下一个"按钮🔍，即可进行视图的撤销与返回。

Section 05 物体对象的选择

SketchUp是一个面向对象的软件，即首先创建简单的模型，然后选择模型进行深入细化等后续工作，因此在工作中能否快速、准确地选择到目标对象，对工作效率有着很大的影响。SketchUp常用的选择方式有"一般选择"、"框选与叉选"及"扩展选择"三种。

01 一般选择

SketchUp中的"选择"命令可以通过单击工具栏中的"选择"按钮或者直接按键盘上的空格键来激活，操作步骤如下。

Step 01 打开模型，本模型为一个由多个构件组成的户外座椅，如下左图所示。

Step 02 单击工具栏中的"选择"按钮，或者直接按键盘上的空格键，激活"选择"工具，此时在视图内将出现一个箭头图标，如下右图所示。

Step 03 此时在任意对象上单击均可将其选择。这里选择座椅的一侧扶手，可以看到被选择的对象以高亮显示，区别于其他对象，如下左图所示。

Step 04 在选择了一个对象后，如果要继续选择其他对象，则首先要按住Ctrl键不放，当视图中的光标变成时，再单击下一个目标对象，即可将其加入选择。利用该方法加选另一侧扶手，如下右图所示。

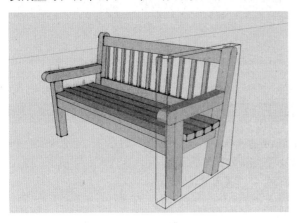
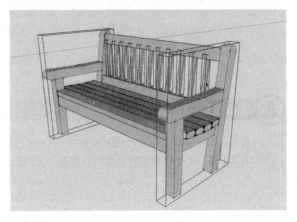

专家技巧

　　如果按住Shft键不放，则视图中的光标会变成▶_±。这时单击当前未选择的对象则会进行加选，单击当前已选择的对象则会进行减选。

02　框选与叉选

　　前面介绍的选择方法均为单击鼠标进行的，因此每次只能选择单个对象。下面来介绍"框选"与"叉选"，用户可以一次性完成多个对象的选择。

　　"框选"是指在激活"选择"工具后，使用鼠标从左至右划出如下左图所示的实线选择框，完全被该选择框包围的对象将会被选择，如下右图所示。

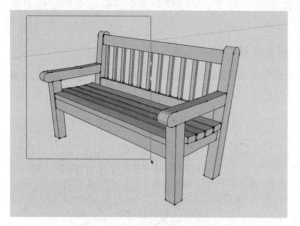 

　　"叉选"是指在激活"选择"工具后，使用鼠标从右到左划出如下左图所示的虚线选择框，全部或者部分位于选择框内的对象都将被选择，如下右图所示。

专家技巧

　　首先，选择完成后，单击视图任意空白处，将取消当前所有选择。

　　其次，按Ctrl+A组合键将全选所有对象，无论是否显示在当前的视图范围内。

　　第三，上小一节中介绍的加选与减选的方法对于"框选"、"叉选"同样适用。

03 扩展选择

在SketchUp中，"线"是最小的可选择单位，"面"则是由"线"组成的基本建模单位。通过扩展选择，可以快速选择关联的面或线。

鼠标单击某个"面"，则面会被单独选择，如下左图所示。

鼠标双击某个"面"，则与这个面相关的"线"也将被选择，如下右图所示。

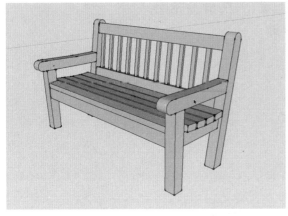

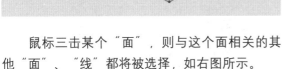

鼠标三击某个"面"，则与这个面相关的其他"面"、"线"都将被选择，如右图所示。

知识链接

在选择对象上单击鼠标右键，在弹出的快捷菜单中单击"选择"命令，在其次级子菜单中即可进行"边界边线"、"连接的平面"、"连接的所有项"的选择，如右图所示。

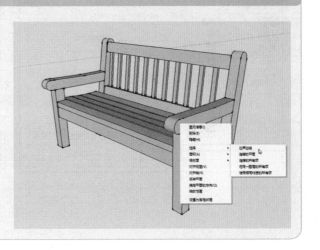

课后练习

1. 选择题

(1) 视图风格有（ ）种。

　　A. 3　　　　　　　　　　B. 4　　　　　　　C. 5　　　　　　　D. 6

(2) 旋转视图时，除了使用"环绕观察"工具，还可以按（ ）键进行旋转。

　　A. Ctrl　　　　　　　　　　　　　B. 鼠标中键

　　C. Alt　　　　　　　　　　　　　D. Shift

(3) 空格键是（ ）工具命令。

　　A. 删除　　　　　　　　　　　　　B. 选择

　　C. 矩形　　　　　　　　　　　　　D. 推拉

(4) 按住（ ）键，可以进行透视角度缩放。

　　A. Ctrl　　　　　　　　　　　　　B. Alt

　　C. Shift　　　　　　　　　　　　　D. Enter

(5) 在以下快捷键中，不正确的是（ ）。

　　A. 圆弧工具 A　　　　　　　　　　B. 选择工具空格键

　　C. 平移工具 H　　　　　　　　　　D. 推拉工具 P

2. 填空题

(1) 在 SketchUp 软件中，分别用_____、_____、_____三个颜色的轴线代表空间的三个方向。

(2) 按住_____键选择工具变为增加选择，按住_____键选择工具变为增减选择，可以将实体添加到选集中。

(3) SketchUp 的默认单位是_____，我国设计规范单位为_____。

(4) 物体对象的选择包括_____、_____和_____三种。

3. 操作题

创建一个新文件并保存，为其自定义快捷键，再设置场景单位，如下图所示。

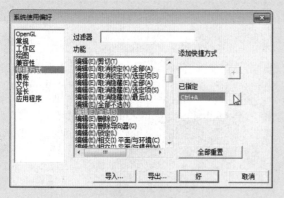

Chapter

02

SketchUp的基本操作

使用SketchUp有几个特点：一是精确性，可以直接以数值定位，进行绘图捕捉；二是工业制图性，拥有三维的尺寸与文本标注。本章主要介绍如何使用SketchUp的常用工具进行绘图的基本操作，包括绘图工具栏、编辑工具栏、常用工具栏、构造工具栏和漫游工具栏等。绘制图形才是学习SketchUp的最终目的。

76216.6 毫米 ²

重点难点

- 绘图工具的操作
- 编辑工具的操作
- 建筑施工工具的操作

绘图工具

SketchUp的"绘图"工具栏如右图所示,包含了"矩形"、"线条"、"圆"、"圆弧"、"多边形"和"徒手画"共6种二维图形绘制工具。

01 矩形工具

矩形工具通过定位两个对角点来绘制规则的平面矩形,并且自动封闭成一个面。单击"绘图"工具栏中的"矩形"按钮或者执行"绘图>矩形"命令均可启动该命令。

1. 绘制一个矩形

绘制一个矩形的操作步骤如下。

Step 01 单击"绘图"工具栏中的"矩形"按钮,此时屏幕上的光标就会变成一支带着矩形的铅笔图标 ⬚。

Step 02 在屏幕上单击确定矩形的第一个角点,然后拖动鼠标至所需要的矩形的对角点上,如下左图所示。

Step 03 在矩形的对角点位置单击,即可完成矩形的绘制,这时SketchUp将这四条位于同一平面的直线直接转换成了另一个基本的绘图单位——面,如下右图所示。

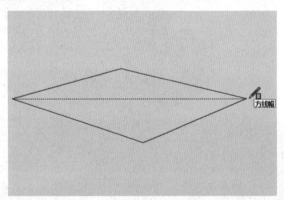
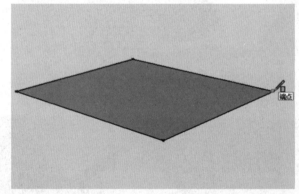

🔄 知识链接

首先,在创建二维图形时,SketchUp自动将封闭的二维图形生成等大的面,此时用户可以选择并删除自动生成的面。

其次,当绘制的矩形长宽比接近0.618的黄金分割比例时,矩形内部将会出现一条对角的虚线,如上左图所示,这时单击鼠标确认对角点即可创建出满足黄金分割比例的矩形。

2. 在已有的平面上绘制矩形

下面介绍如何在已有的平面上绘制矩形。在一个长方体的一个面上绘制矩形,操作步骤如下。

Step 01 单击"绘图"工具栏中的"矩形"按钮，激活"矩形"工具。

Step 02 将光标放在长方体的一个面上，当光标旁边出现"在平面上"的提示文字时，单击鼠标左键确定矩形的第一个角点，拖动鼠标，此时的图形在长方体的面上，如下左图所示。

Step 03 确定好另一对角点，单击鼠标左键即可完成矩形的绘制。这时可以观察到矩形的一个面被分为了两个面，如下右图所示。

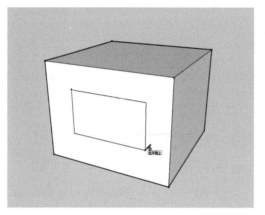 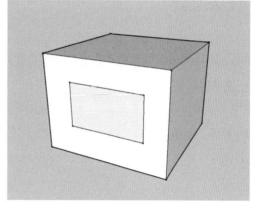

知识链接

　　在原有的面上绘制矩形可以完成对面的分割，这样做的好处是在分割之后的任一一个面上都可以进行三维的操作，这种绘图方法在建模中经常用到。

3. 绘制非XY平面的矩形

　　在默认情况下，矩形的绘制是在XY平面中，这与大多数三维软件的操作方法一致。下面来介绍如何将矩形绘制到XZ或者YZ平面中，操作步骤如下。

Step 01 激活"矩形"工具，定位矩形的第一个角点。

Step 02 拖动鼠标定位矩形的另一个对角点，注意此时在非XY的平面中定位。

Step 03 找到正确的定位方向后，按住Shift键不放以锁定鼠标的移动轨迹，如下左图所示。

Step 04 在需要的位置再次单击鼠标，完成此次XZ平面上矩形的绘制。可以看到在XZ平面上形成了一个面，如下右图所示。

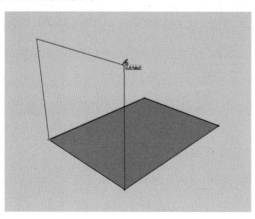 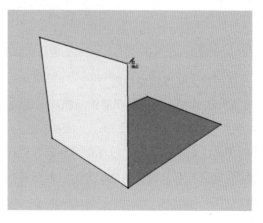

知识链接

在绘制非XY平面的矩形时，第二个对角点的定位非常困难，这时需要转成三维视图，以达到一个较好的观测角度。

02 线条工具

SketchUp在线条工具上比另一个三维设计软件3ds Max的功能要强大一些，它可以直接输入尺寸和坐标点，并且有自动捕捉功能和自动追踪功能。

1. 使用鼠标直接绘制线段

使用鼠标绘制线段非常简单，操作步骤如下。

Step 01 激活"线条"命令，待光标变成✐时，在绘图区内单击确定线段的起点。

Step 02 选择一个方向拖动鼠标，同时可以观察右下角数值提示框内的数值，如下左图所示。

Step 03 确定好线段长度后再次单击鼠标，在键盘上按Esc键即可完成目标线段的绘制，如下右图所示。

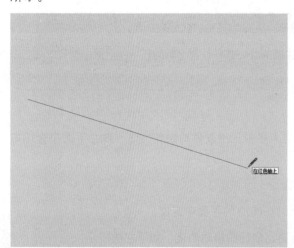
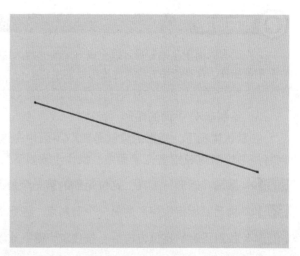

 知识链接

在线段的绘制过程中，确定线段终点后按下Esc键，即可完成此次线段的绘制。如果不取消，则会开始下一线段的绘制，上一条线段的终点即为下一条线段的起点。

2. 通过输入长度绘制线段

在实际工作中，经常会需要绘制精确长度的线段，这时可以通过键盘输入数值的方式来完成这类线段的绘制，操作步骤如下。

Step 01 激活"线条"工具，待光标变成✐时，在绘图区单击确定线段的起点。

Step 02 拖动鼠标移至线段的目标方向，然后在数值控制栏中输入线段长度，如下左图所示。

Step 03 按Enter键确定，再按Esc键即可完成该线段的绘制，如下右图所示。

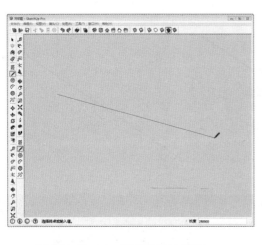 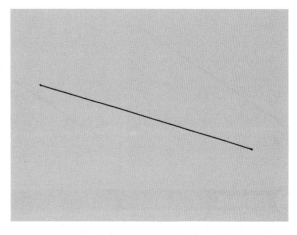

3．绘制与X、Y、Z轴平行的线段

在实际操作中，绘制正交线段，即与X、Y、Z轴平行的线段更有意义，因为不管是建筑设计还是室内设计中，根据施工的要求，墙线、轮廓线和门窗线基本上都是相互垂直的。具体操作步骤如下。

Step 01 激活"线条"工具，在绘图区选择一点，单击以确认线段的起始点。

Step 02 在屏幕上移动光标以对齐Z轴，当线段与Z轴平行时，光标旁边会出现"在蓝色轴上"的提示字样，如下左图所示。

Step 03 按住Shift键不放锁定平行于Z轴，移动光标直到线段的结束点，再次单击并按Esc键完成与Z轴平行线段的绘制，如下右图所示。

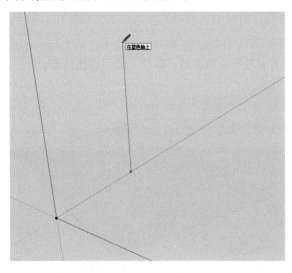 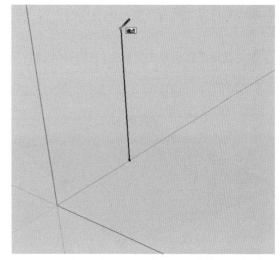

4．直线的捕捉与追踪功能

与AutoCAD相比，SketchUp的捕捉与追踪功能更加简便、更易操作。在绘制线段时，多数情况下都需要使用到捕捉功能。

所谓捕捉就是在定位点时，自动定位到特殊点的绘图模式。SketchUp自动打开了3类捕捉，即端点捕捉、中点捕捉和交点捕捉，如下图所示。在绘制集合物体时，光标只要遇到这三类特殊的点，就会自动捕捉到，这是软件精确作图的表现之一。

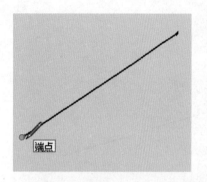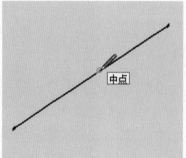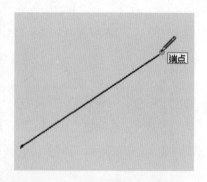

🔄 **知识链接**

　　SketchUp的捕捉与追踪功能是自动开启的。在实际工作中，精确作图的每一步要么用数值输入，要么就用捕捉功能。

　　5. 裁剪线段

　　从已有线段外的一点向已有线段引出一条垂直线，SketchUp就会从垂足开始将已有线段分成两条首尾相接的线段。如果将绘制的垂线删除，则已有线段又重新恢复成一条线段。

　　6. 分割平面

　　在SketchUp中可以通过绘制一条起点和端点都在平面边线上的线段来分割这个平面，操作步骤如下。

Step 01 在已有平面的一条边上选择单击一个点作为线段的起点，再向另一条边上拖动鼠标，如下左图所示。

Step 02 选择好终点单击鼠标完成线段的绘制，可以看到已有平面变成了两个，如下右图所示。

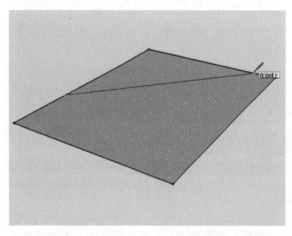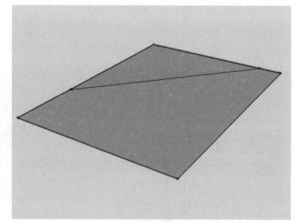

03　圆工具

　　圆形作为一个几何形体，在各类设计中是一个出现非常频繁的构图要素。在SketchUp中，圆工具可以用来绘制圆形以及生成圆形的"面"，操作步骤如下。

Step 01 激活"圆"工具，此时光标会变成一支带圆圈的铅笔。

Step 02 在绘图区选择一点作为圆心并单击，移动光标拉出圆的半径，如下左图所示。

Step 03 确定半径长度后再次单击鼠标，完成圆的绘制，并自动形成圆形的"面"，如下右图所示。

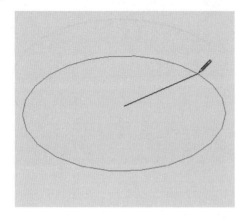 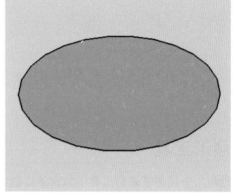

　　SketchUp中的圆形实际上是由正多边形所组成的，操作时并不明显，但是当导出到其他软件后就会发现问题。所以在SketchUp中绘制圆形时可以调整圆的片段数（即多边形的边数）。在激活"圆"工具后，在数值控制栏中输入片段数"s"，如"8s"表示片段数为8，也就是此圆用正八边形来显示，"16s"表示正十六边形，然后再绘制圆形。要注意，尽量不要使用片段数低于16的圆。

专家技巧

　　一般来说，不用去修改圆的片段数，使用默认值即可。如果片段数过多，会引起面的增加，这样会使场景的显示速度变慢。在将SketchUp模型导入到3ds Max中时尽量减少场景中的圆形，因为导入到3ds Max中会产生大量的三角面，在渲染时占用大量的系统资源。

04 圆弧工具

　　圆弧和圆一样，都是由多个直线段连接而成的，圆弧是圆的一部分。

Step 01 激活"圆弧"工具，此时光标会变成一支带圆弧的铅笔。

Step 02 在视图中选择一点作为圆弧的起始点并单击，再移动光标到结束点，单击鼠标，此时创建了一条线段，如下左图所示。

Step 03 沿着弧长的垂直方向移动光标，这时创建的是圆弧的矢高，如下右图所示。

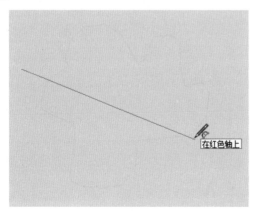 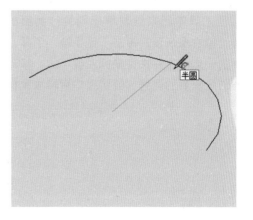

Step 04 选择好需要的位置单击鼠标，即可完成圆弧的创建，如右图所示。

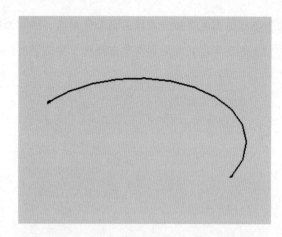

05 多边形工具

在SketchUp中使用多边形工具可以创建边数大于3的正多边形。前面已经接介绍过圆与圆弧都是由正多边形组成的，所以边数较多的正多边形基本上就显示成圆形了。如右图所示，左侧为正十六边形，右侧为正三十二边形。

创建正多边形的操作步骤如下。

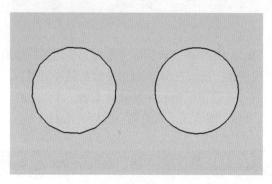

Step 01 激活"多边形"工具，此时屏幕上的光标会变成一支带多边形的铅笔。

Step 02 在屏幕右下角的数值控制栏中输入边数"s"，这里输入"8s"，表示绘制正八边形，然后按Enter键。

Step 03 移动光标到需要的位置，单击确认正八边形的中心点，再移动光标以确认正八边形的半径，也可以在数值控制栏中输入正八边形的半径，按Enter键确认，使用精确的尺寸绘制出正八边形。

> **知识链接**
>
> 当边数达到一定的数量后，多边形与圆形就没有什么区别了。这种弧形模型构成的方式与3ds Max是一致的。

06 徒手画工具

徒手画工具常用来绘制不规则的、共面的曲线形体，如右图所示。单击"徒手画"工具，在视图中的一点单击并按住鼠标左键不放，移动光标以绘制所需的曲线，绘制完毕后释放鼠标即可。

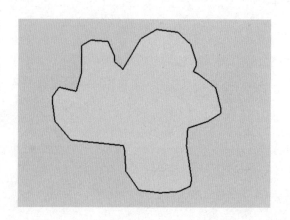

知识链接

一般情况下很少用到"徒手画"工具，因为这个工具绘制曲线的随意性比较强，非常难以掌握。建议操作者在AutoCAD中绘制完成这样的曲线，再导入到SketchUp中进行操作。将AutoCAD文件导入到SketchUp的方法在本书的后面章节中有介绍。

编辑工具

Section 02

SketchUp的"编辑"工具栏包含了"移动"、"推/拉"、"旋转"、"跟随路径"、"拉伸"以及"偏移"6种工具，如下右图所示。其中"移动"、"旋转"、"拉伸"以及"偏移"4个工具是用于对对象位置、形态的变换与复制，而"推/拉"和"跟随路径"两个工具主要用于将二维图形转变成三维实体。

01　移动工具

在SketchUp中对物体的移动和复制都是通过"移动"工具完成的，只不过操作方法不同。

1. 移动物体
移动物体的操作方法如下。

Step 01 选择需要移动的物体，此时物体处于被选择状态。

Step 02 激活"移动"工具，此时光标会变成一个四方向的箭头💠，单击物体，单击的这一点就是物体移动的起始点。向需要的方向移动光标，此时物体会跟随着光标一起移动，如右图所示。

Step 03 在目标点位置再次单击，即可完成对物体的移动。

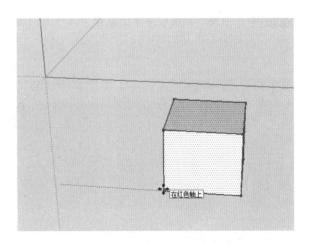

专家技巧

在作图时往往会使用精确距离的移动，移动物体时按Shift键锁定移动方向后，就可以在数值控制栏中输入需要移动的距离，按Enter键确定，这时物体就会按照设定距离进行精确的移动。

2. 复制物体

复制物体的操作与移动物体类似，在移动物体时按住Ctrl键不放，向需要移动的方向移动光标，就可以看到此时的光标变成一个带有"+"号的四方向箭头，表示此时是在复制物体，如右图所示。

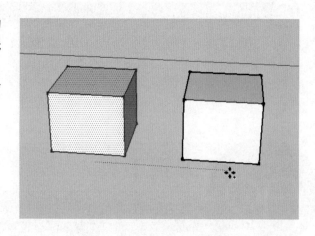

02 旋转工具

旋转工具用于旋转对象，可以对单个物体或者多个物体进行旋转，也可以对物体中的某一个部分进行旋转，还可以在旋转的过程中对物体进行复制。

1. 旋转对象

Step 01 打开模型，选择模型并激活"旋转"工具，当光标变成量角器 时拖动鼠标至旋转轴心点处单击，完成旋转轴的指定。

Step 02 移动光标到需要的位置再次单击，这个定位点与旋转轴心形成了旋转参照边，如下左图所示。

Step 03 再移动光标，可以看到物体在随着光标的移动进行旋转，如下中图所示。

Step 04 在需要的角度位置单击鼠标，即可完成旋转操作，如下右图所示。

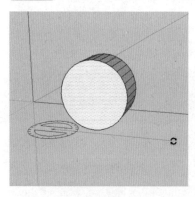 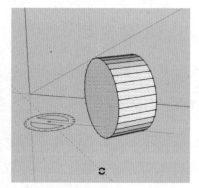 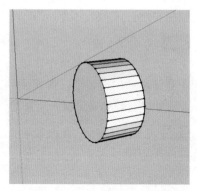

2. 旋转对象的部分模型

除了对整个模型对象进行旋转外，还可以对已经分割好的模型进行部分旋转，操作步骤如下。

Step 01 选择模型要旋转的部分平面，激活"旋转"工具，确定好旋转平面、轴心点与轴心线，如下左图所示。

Step 02 移动光标进行旋转，或者直接输入旋转角度，按Enter键确定完成一次旋转，如下右图所示。

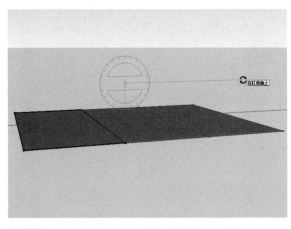
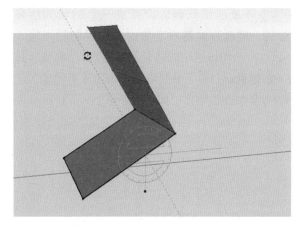

Step 03 再次选择一个平面，按照上述操作步骤进行旋转，完成本次操作，效果如右图所示。

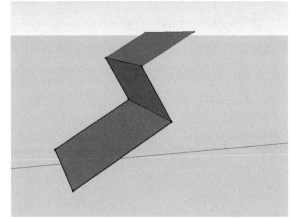

3. 旋转复制对象

旋转时复制物体的操作步骤如下。

Step 01 选择需要旋转复制的对象，激活"旋转"工具。

Step 02 当光标变成量角器时，选择轴心点并单击，这里以坐标轴原点为轴心点，再设置轴心线，如下左图所示。

Step 03 按住Ctrl键不放，移动光标至需要的位置，如下右图所示。

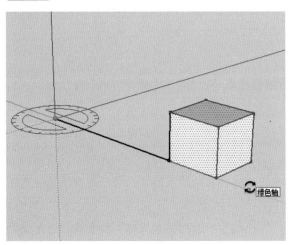
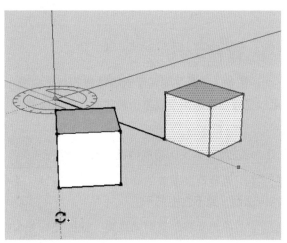

Step 04 单击鼠标确认，完成一个物体的旋转复制。接着在屏幕右下角的数值控制栏中输入"4x"，表明以这个旋转角度复制出4个物体，按Enter键确认，即可看到场景中除了原有物体，还有4个复制出的物体，如右图所示。

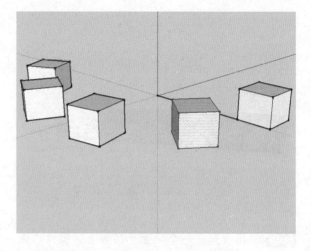

　　如果旋转复制物体时将复制的物体旋转如下左图所示的位置上，然后在数据控制栏中输入/5，则表明共复制5个物体，并且在原物体和新物体之间以四等分排列，如下右图所示，这就是等分旋转复制。

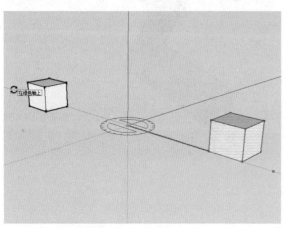 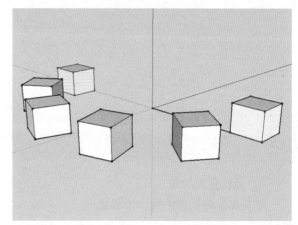

专家技巧

　　在旋转定位旋转轴时，有时会比较困难，这时可以适当地调整视图以方便观察与作图。当量角器的角度正确时，可以按住Shift键不放，以锁定方向。

03　拉伸工具

　　"拉伸"工具主要用于对物体进行放大或缩小，可以是在X、Y、Z这三个轴同时进行等比缩放，也可以是锁定任意两个或单个轴向的非等比缩放。

1. 等比缩放
对三维物体等比缩放的操作方法如下。

Step 01 选择需要缩放的物体，激活"拉伸"工具，此时光标会变成缩放箭头，而三维物体被缩放栅格所围绕，如下左图所示。

Step 02 将光标移动到对角点处，此时光标处会提示"等比缩放：以相对点为轴"的字样，表明此时的缩放为X、Y、Z这3个轴向同时进行的等比缩放，如下右图所示。

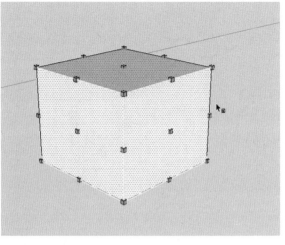 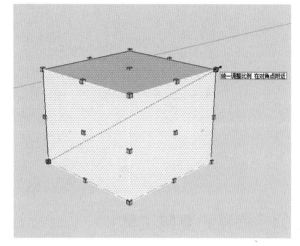

Step 03 单击并按住鼠标左键不放，拖动光标，向下移动是缩小，向上移动是放大，当物体缩放到需要的大小时释放鼠标，结束缩放操作。

🔄 **知识链接**

　　用户可以在缩放时根据需要在屏幕右下角的数值控制栏中输入物体缩放的比率，按Enter键即可达到精确缩放的目的。比率小于1为缩小，大于1为放大。

2．非等比缩放

　　对三维物体锁定YZ轴（绿/蓝色轴）的非等比缩放的操作如下左图所示。

　　对三维物体锁定XZ轴（红/蓝色轴）的非等比缩放的操作如下右图所示。

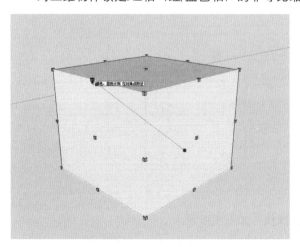 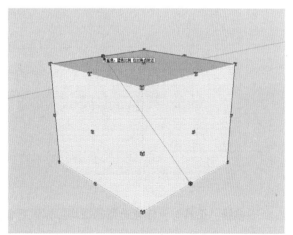

　　对三维物体锁定XY轴（红/绿色轴）的非等比缩放的操作如下左图所示。

　　对三维物体锁定单个轴向（以绿色轴为例）的非等比缩放的操作如下右图所示。

🔄 **知识链接**

　　在屏幕右下角数值控制栏中输入比率时，如果数值是负值，此时物体不但会被缩放，而且还会被镜像。

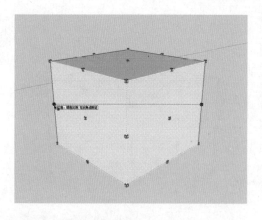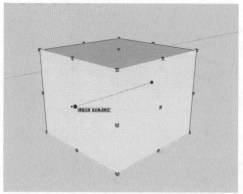

04 偏移和复制工具

偏移工具可以将在同一平面中的线段或者面沿着一个方向偏移一个统一的距离，并复制出一个新的物体。偏移的对象可以是面、两条或两条以上首尾相接的线形物体集合、圆弧、圆或者多边形。

1. 面的偏移复制

Step 01 选择需要偏移的面，激活"偏移"工具，此时屏幕上的光标变成两条平行的圆弧 。

Step 02 单击并按住鼠标左键不放，移动光标，可以看到面随着光标的移动发生偏移，如下左图所示。

Step 03 当移动到需要的位置时释放鼠标左键，就可以看到面中又创建了一个长方形，并且由原来的一个面变成了两个，如下右图所示。

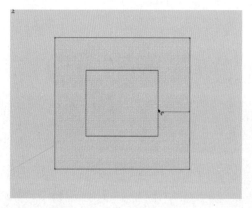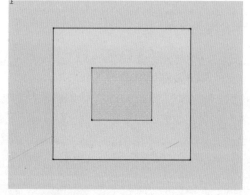

"偏移"工具对于任意造型的面均可以进行偏移操作，如下图所示。

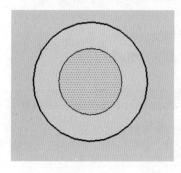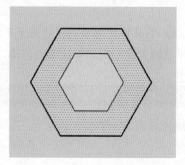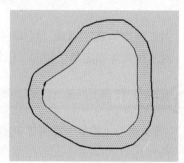

知识链接

　　在实际操作中，可以在偏移时根据需要在数值控制栏中输入物体偏移的距离，按Enter键即可完成精确偏移。

2．线段的偏移复制

　　"偏移"工具无法对单独的线段以及交叉的线段进行偏移复制，当光标放置在这两种线段上时光标会变成 ，并且会有如下图所示的提示。

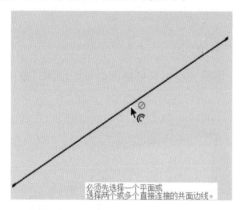
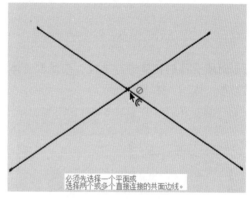

　　对于多条线段组成的转折线、弧线以及线段与弧形组成的线形，均可以进行偏移复制操作，如下图所示。其具体操作方法与面的操作类似，这里不再赘述。

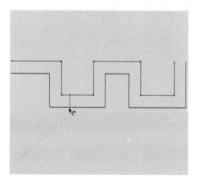
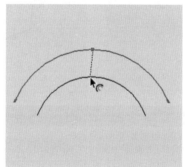
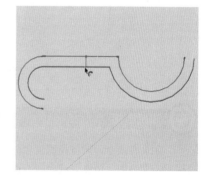

05　推/拉工具

　　"推/拉"工具是二维平面生成三维实体模型最为常用的工具，该工具可以将面拉伸成体。操作步骤如下。

Step 01 激活"推/拉"工具，将光标移动到已有的面上，可以看到已有的面显示为被选择状态，如下左图所示。

Step 02 单击鼠标并按住左键不放，拖动光标，已有的面就会随着光标的移动转换为三维实体，如下右图所示。

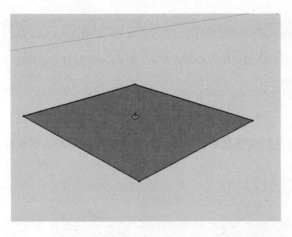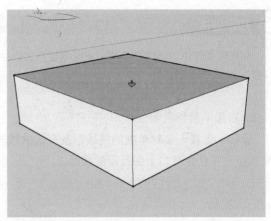

  还可以对所有面的物体进行推拉，或是改变体块的体积大小。只要是面就可以使用"推/拉"工具来改变其形态、体积，如下图所示。

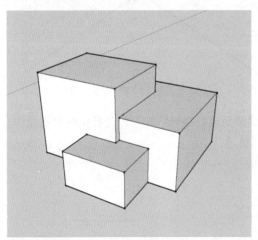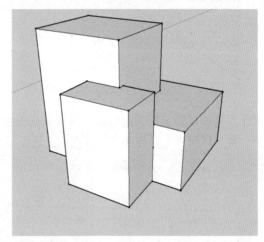

知识链接

  如果有多个面的推拉深度相同，则在完成其中某一个面的推拉之后，在其他面上使用"推/拉"工具直接双击左键即可快速完成相同的操作。

06 跟随路径工具

  跟随路径是指将一个面沿着某一指定线路进行拉伸的建模方式，与3ds Max的放样命令有些相似，是一种很传统的从二维到三维的建模工具。

1. 面与线的应用

  使一个面沿着某一指定的曲线路径进行拉伸的具体操作步骤如下。

Step 01 激活"跟随路径"工具，根据状态栏中的提示单击截面，以选择拉伸面，如下左图所示。

Step 02 将光标移动到作为拉伸路径的曲线上，这时可以看到曲线变红。光标随着曲线移动，截面也会随着形成三维模型，如下右图所示。

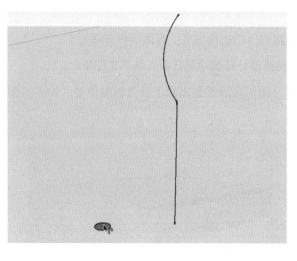
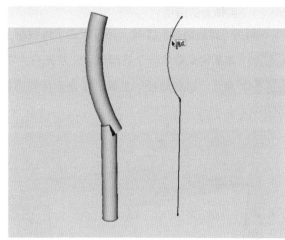

2. 面与面的应用

使用"跟随路径"工具也可以使一个面沿着另一个面的路径进行拉伸，操作步骤如下。

Step 01 本实例来绘制一个吊顶石膏线模型。首先在视图中绘制石膏线截面与天花板平面，随后激活"跟随路径"工具，单击石膏线截面，如下左图所示。

Step 02 待光标变成 时，将其移动到天花板平面上，跟随其捕捉一周，如下右图所示。

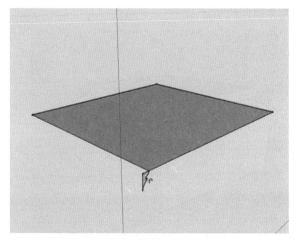
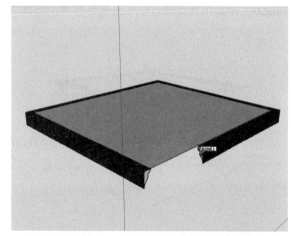

Step 03 光标捕捉一周后，单击左键即可完成石膏线的创建，如右图所示。

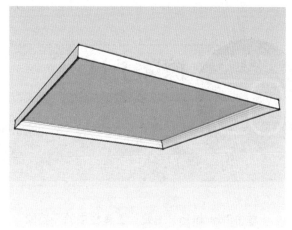

3. 实体上的应用

利用"跟随路径"工具，还可以在实体模型上直接制作出边角细节，具体操作步骤如下。

Step 01 本实例来制作一个柱脚模型。首先在实体表面绘制好柱脚轮廓截面，如下左图所示。

Step 02 激活"跟随路径"工具，单击选择轮廓截面，此时可以看到出现了参考的轮廓线，如下右图所示。

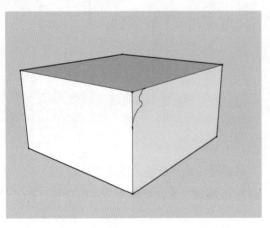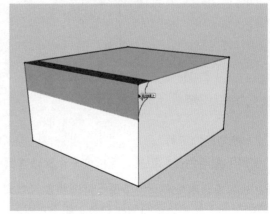

Step 03 移动光标，绕顶面一周，回到原点，效果如下左图所示。

Step 04 单击鼠标左键，即可完成柱脚模型的创建，如下右图所示。

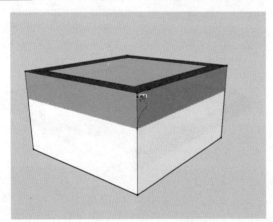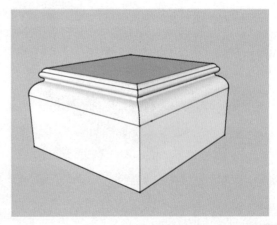

Section 03 擦除工具

"主要"工具栏中包括"选择"、"颜料桶"、"擦除"3个工具，如右图所示。它们在SketchUp中会被经常用到，这里主要讲述"擦除"工具。

单击SketchUp"主要"工具栏中的"擦除"工具按钮，待光标变成时，将其置于目标线段上方，单击鼠标即可将其删除，如下图所示。但是该工具不能进行面的删除。

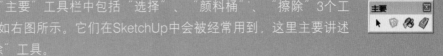

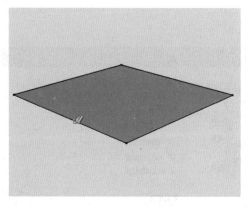
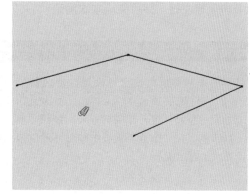

Section 04

建筑施工工具

SketchUp建模可以达到很高的精确度，主要得益于功能强大的"建筑施工"工具。"建筑施工"工具栏包括"卷尺"、"尺寸"、"量角器"、"文本"、"轴"及"三维文本"工具，如右图所示。其中"卷尺"与"量角器"工具主要用于尺寸与角度的精确测量与辅助定位，其他工具则用于进行各种标识与文字创建。

建筑施工

01 卷尺工具

"卷尺"工具不仅可以用于距离的精确测量，也可以用于制作精准的辅助线。

1. 测量长度

Step 01 打开已有模型，激活"卷尺"工具，当光标变成卷尺时单击确定测量起点，如下左图所示。

Step 02 拖动光标至测量终点，这时可以看到从起点到终点之间显示有一条红色线，光标旁会显示出距离数值，在数值控制栏中也可以看到显示的长度值，如下右图所示。

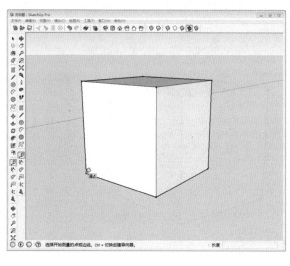
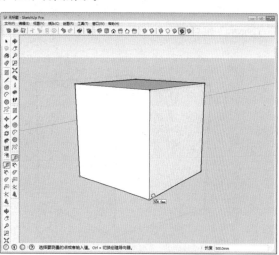

Step 03 单击鼠标左键，即可完成本次测量。

 知识链接

  如果事先未对单位精度进行设置，那么数值
控制栏中显示的测量数值为大约值，这是因为
SketchUp根据单位精度进行了四舍五入。打开"模
型信息"对话框，在"单位"面板中即可对单位精
度进行设置，如右图所示。

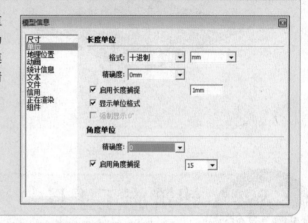

2. 创建辅助线

"卷尺"工具还可以创建如下两种辅助线。

  (1) **线段延长线**。激活"卷尺"工具后，用
光标在需要创建延长线段的端点处单击并拖出一
条延长线，延长线的长度可以在屏幕右下角的数
值控制栏中输入，如右图所示。

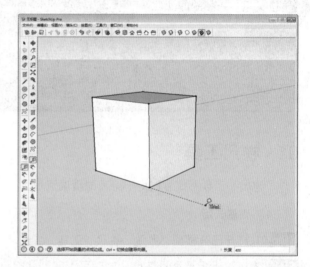

  (2) **直线偏移的辅助线**。激活"卷尺"工具后，在偏移辅助线两侧端点外的任意位置单击鼠标，
以确定辅助线起点，如下左图所示。移动光标，可以看到偏移辅助线随着光标的移动自动出现，如下
右图所示，也可以直接在数值控制栏中输入偏移值。

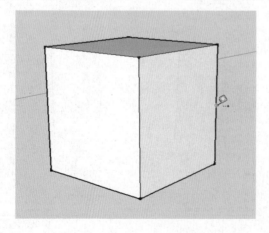 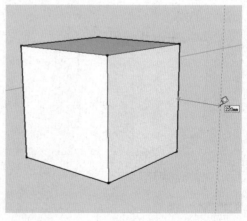

> **知识链接**
>
> 　　场景中常常会出现大量的辅助线，如果是已经不需要的辅助线，就可以直接删除；如果辅助线在后面还有用处，也可以将其隐藏起来。选择辅助线，执行"编辑>隐藏"命令即可，或者单击鼠标右键，在弹出的快捷菜单中单击"隐藏"命令。

02　量角器工具

　　"量角器"工具可以用来测量角度，也可以用来创建所需要的辅助线。

1．测量角度

　　使用"量角器"工具测量角度的操作步骤如下：

Step 01 打开已有模型，激活"量角器"工具，当光标变成 ⌖ 时，单击鼠标确定目标测量角的顶点，如下左图所示。

Step 02 移动光标，选择目标测量角的任意一条边线，如下右图所示，单击鼠标确认。

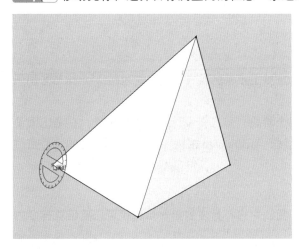
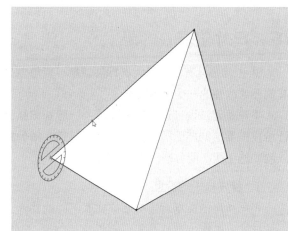

Step 03 再移动光标捕捉目标测量角的另一条边线，如下左图所示，单击鼠标确认。

Step 04 测量完毕后，即可在数值控制栏中看到测量角度，如下右图所示。

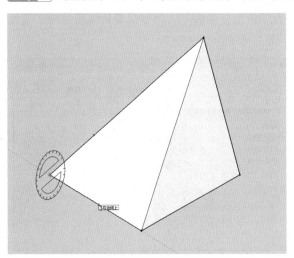
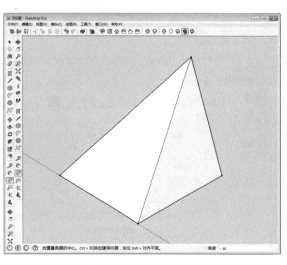

2．创建辅助线

使用"量角器"工具可以创建任意的角度辅助线，操作方法如下。

Step 01 激活"量角器"工具，单击鼠标确定顶点位置，移动光标选择辅助线的起始线，如下左图所示，单击鼠标确定。

Step 02 移动光标并在数值控制栏中输入角度值，按Enter键确定即可创建以起始线为参考、具有相对角度的辅助线，如下右图所示。

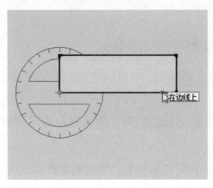 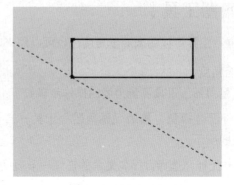

03 尺寸工具

SketchUp具有十分强大的标注功能，能够创建满足施工要求的尺寸标注，这也是SketchUp区别于其他三维软件的一个明显优势。

不论是建筑设计还是室内设计，一般都归结为两个阶段，即方案设计和施工图设计。在施工图设计阶段需要绘制施工图，要求有大量详细、精确的标注。与3ds Max相比，SketchUp软件的优势是可以绘制施工图，而且是三维施工图。

1．标注样式的设置

不同类型的图纸对于标注样式有不同的要求，在图纸中进行标注的第一步就是首先要设置需要的标注样式，操作步骤如下：

Step 01 执行"窗口>模型信息"命令，打开"模型信息"对话框，单击左侧的"尺寸"选项，如下左图所示。

Step 02 单击"字体"按钮打开"字体"对话框，设置字体为"仿宋"，再根据场景模型设置字号大小，如下右图所示。

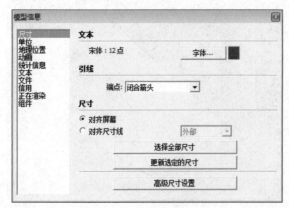 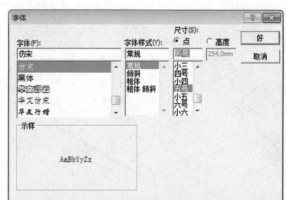

Step 03 返回到"模型信息"对话框，设置引线样式为"斜线"，如右图所示。

Step 04 设置完毕即可关闭"模型信息"对话框。

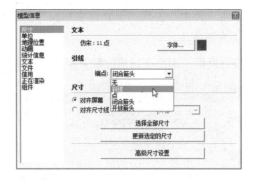

2．尺寸标注

SketchUp的尺寸标注是三维的，其引出点可以是端点、终点、交点以及边线，并且可以标注3种类型的尺寸：长度标注、半径标注、直径标注。

（1）**长度标注**。激活"尺寸"工具，在长度标注的起点单击，移动光标到长度标注的终点再次单击，移动光标即可创建长度标注。

（2）**半径标注**。SketchUp中的半径标注主要是针对弧形物体。激活"尺寸"工具，单击选择弧形，移动光标即可创建半径标注，标注文字中的"R"表示半径，如下左图所示。

（3）**直径标注**。SketchUp中的直径标注主要是针对圆形物体。激活"尺寸"工具，单击选择圆形，移动光标即可创建直径标注，标注文字中的"DIA"表示直径，如下右图所示。

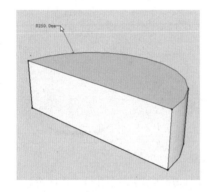
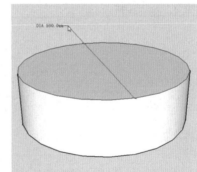

知识链接

　　尺寸标注的数值是系统自动计算的，虽然可以修改，但是一般情况下是不允许的。因为作图时必须按照场景中的模型与实际尺寸1:1的比例来绘制，这种情况下，绘图是多大的尺寸，在标注时就是多大。

　　如果标注时发现模型的尺寸有误，应该先对模型进行修改，再重新进行尺寸标注，以确保施工图纸的准确性。

04 文本工具

　　在绘制设计图或者施工图时，在图形元素无法充分表达设计意图时可使用文本标注来表达，比如材料的类型、细节的构造、特殊的做法以及房间的面积等。

　　SketchUp的文本标注有系统标注和用户标注两种类型。系统标注是指标注的文本由系统自动生成，用户标注是指标注的文本由用户自己输入。

1．系统标注

系统标注可以直接对面积、长度、定点坐标进行文字标注，操作步骤如下。

Step 01 激活"文本"工具，当光标变成 ⌐ 时，将光标移动目标对象的表面，对目标表面的面积进行标注，如下左图所示。

Step 02 双击鼠标，则会在当前位置直接显示文本标注的内容，如下右图所示。

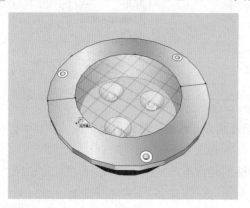 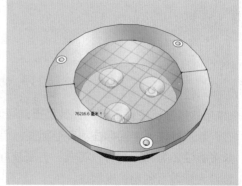

🔄 **知识链接**

用户可以先单击确定标注端点位置，再移动光标为标注拖出引线，单击鼠标确认引线标注位置，再单击鼠标确认即可，如右图所示。

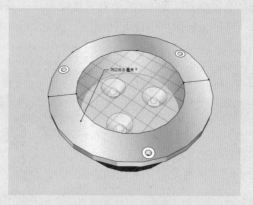

线段长度与点坐标的标注与面积标注的方法基本相同，分别如下左图和下右图所示。

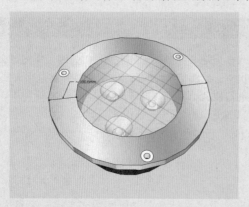 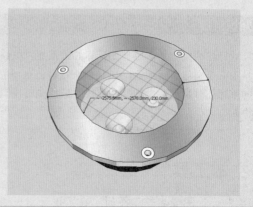

👤 **专家技巧**

对封闭的面进行系统标注时，系统将自动标注该面的面积；对线段进行系统标注时，系统将自动标注线段长度；对弧线进行标注时，系统将自动标注该点的坐标值。

2．用户标注

用户使用"文本"工具可以轻松地编写文字内容，操作步骤如下。

Step 01 激活"文本"工具，当光标变成█时，将光标移动到目标标注对象上，如下左图所示。

Step 02 单击鼠标，移动光标到任意位置再次单击，此时标注内容处于编辑状态，用户可以进行自定义编辑，如下右图所示。

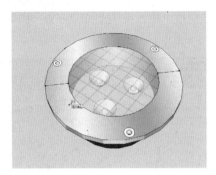 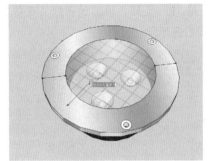

Step 03 完成标注内容的编写后，单击鼠标确认即可，如右图所示。

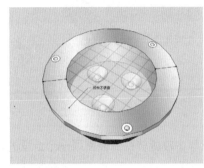

05 标注的修改

不管是尺寸标注还是文本标注，都会遇到需要对标注的样式或内容进行修改的情况。要修改标注时，可以直接单击鼠标右键，在弹出的快捷菜单中选择要进行修改的类型即可，如右图所示。

1．修改标注文字

Step 01 右键单击标注，在弹出的快捷菜单中单击"编辑文字"命令，此时标注中的文字已经处于编辑状态。

Step 02 输入需要的替代文字内容，在空白处单击鼠标即可完成标注文字的修改。

2．修改标注箭头

鼠标右键单击标注，在弹出的快捷菜单中单击"箭头"命令，弹出子菜单，如下左图所示，用户可根据需要选择箭头的样式。

3．修改标注引线

鼠标右键单击标注，在弹出的快捷菜单中单击"引线"命令，弹出子菜单，如下右图所示，用户可根据需要选择引线的样式。

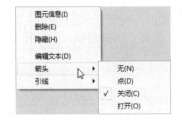 

新手训练营 绘制我的第一个模型

在学习了本章的知识后，读者对SketchUp的基本操作已有了一定的掌握，下面我们利用本章学习的知识来创建一个简易的欧式罗马柱，操作步骤如下。

Step 01 创建柱脚。单击"矩形"工具，在视图中绘制一个800×800的正方形，如下左图所示。

Step 02 单击"推/拉"工具，单击长方形，在数据控制栏中输入推/拉数值为500，即可将正方形转变为长方体，如下右图所示。

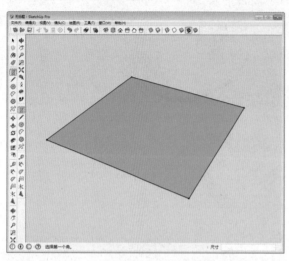 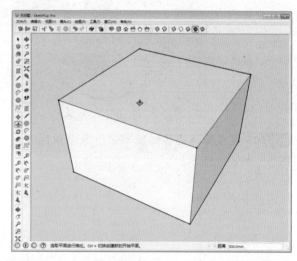

Step 03 按住鼠标中键旋转视图调整到一个合适的角度，方便下一步的操作，如下左图所示。

Step 04 单击"圆弧"工具，在长方体的面上绘制一条曲线，形成一个单独的截面，如下右图所示。

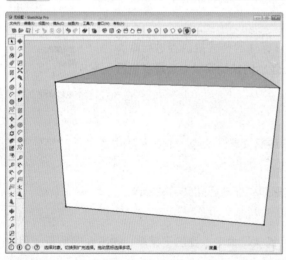 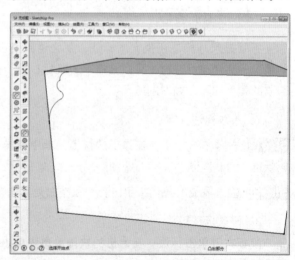

Step 05 单击"跟随路径"工具，单击截面并移动光标捕捉一周，完成柱脚造型的创建，如下左图所示。

Step 06 复制柱头。单击"选择"工具，选择模型，此时模型处于被选择状态，如下右图所示。

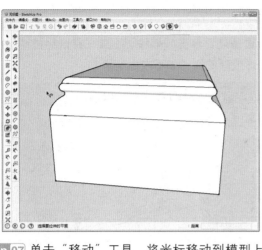 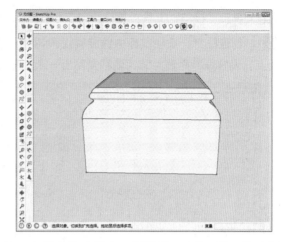

Step 07 单击"移动"工具，将光标移动到模型上的一点单击作为基点，再按住Ctrl键不放，将光标沿Z轴向上移动，在数据控制栏中输入复制移动距离为3000，如下左图所示。

Step 08 复制出柱头后，选择柱头，单击"旋转"工具，在柱头上选择一点作为旋转轴心并确定旋转面，如下右图所示。

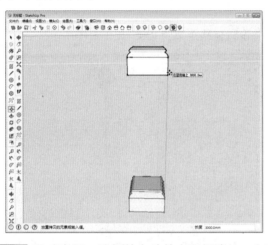 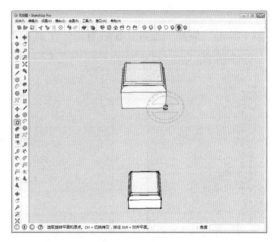

Step 09 移动光标，选择基点并单击鼠标确认，如下左图所示。

Step 10 再次移动光标，旋转柱头，单击鼠标确认，如下右图所示。

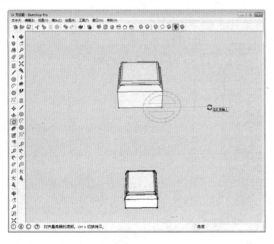 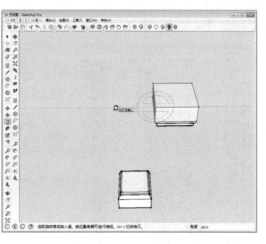

Step 11 单击"移动"工具,将柱头向左移动800,如下左图所示。

Step 12 创建柱身。按住鼠标中键旋转视图调整到合适角度,单击"偏移"工具,将鼠标移动到柱脚的面上,设置偏移距离为50,偏移复制出一个矩形并形成新的面,如下右图所示。

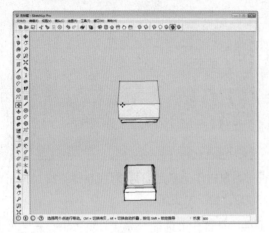
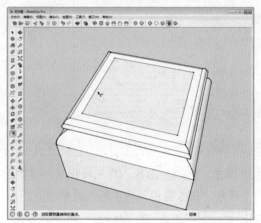

Step 13 单击"推/拉"工具,在新创建的面上单击,向上移动光标,在数据控制栏中输入数值3000,创建出柱身的模型,如下左图所示。

Step 14 单击"偏移"工具,在柱身的一个面上单击并设置偏移距离为100,如下右图所示。

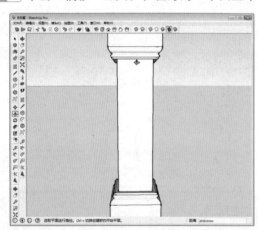
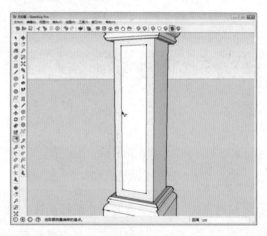

Step 15 单击"线段"工具,在柱身上捕捉中点绘制一条线段,如下左图所示。

Step 16 选择该线段,单击"移动"工具,将其向左移动10,如下右图所示。

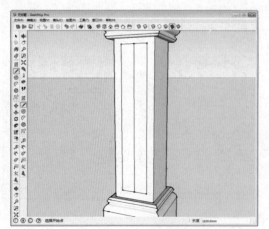
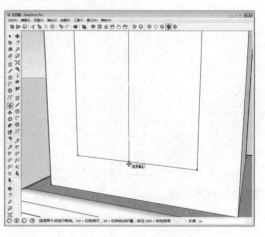

Step 17 按住Ctrl键，向左偏移直线，并设置偏移距离为20，如下左图所示。

Step 18 照此步骤偏移出多条直线，如下右图所示。

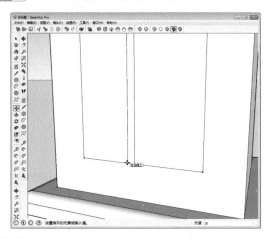
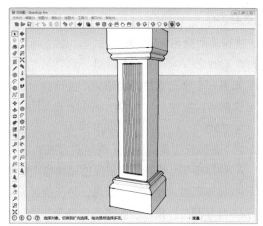

Step 19 单击"推/拉"工具，将柱身的一个面向内推拉20，如下左图所示。

Step 20 双击其他间隔的面，创建出凹凸的造型，再单击"删除"工具，删除多余的线段，如下右图所示。

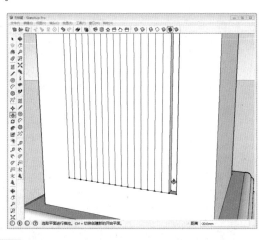
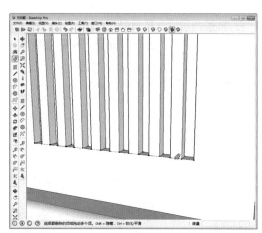

Step 21 删除其他多余的线段，完成柱身一个面上造型的创建，如下左图所示。

Step 22 按照上述操作步骤，创建完成柱身其他三个面上的造型，完成本案例的制作，如下右图所示。

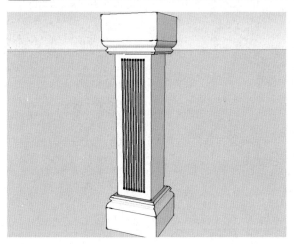
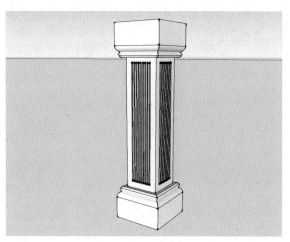

 课后练习

1. 选择题

(1) 进行移动操作之前，按住（　　）键，可以进行复制。

A. Ctrl 　　　　　　 B. Shift 　　　　　　 C. Alt 　　　　　　 D. Enter

(2) 如果一个移动或拉伸操作会产生不共面的表面，SketchUp 会将这些表面自动折叠。任何时候你都可以按住（　　）键，强制开启自动折叠功能。

A. Ctrl 　　　　　　 B. Shift 　　　　　　 C. Alt 　　　　　　 D. Enter

(3) 以下是圆弧工具的完全正确绘制方式的是（　　）。

A. 绘制圆弧、画半圆、挤压圆弧和指定精确的圆弧数值

B. 绘制圆弧、画相切的圆弧、挤压圆弧和指定精确的圆弧数值

C. 绘制圆弧、挤压圆弧和指定精确的圆弧数值

D. 绘制圆弧、画半圆、画相切的圆弧、挤压圆弧和指定精确的圆弧数值

(4) 以下是建筑施工工具栏中完全正确的工具的是（　　）。

A. 卷尺、标高、量角器、文本、坐标和三维文本

B. 卷尺、尺寸、量角器、文本、轴和三维文本

C. 重量、尺寸、量角器、文本、轴和三维文本

D. 卷尺、尺寸、角度、文本、坐标和三维文本

(5) 复制物体需要使用（　　）工具。

A. 移动 　　　　　　 B. 缩放 　　　　　　 C. 推拉 　　　　　　 D. 旋转

2. 填空题

(1) SketchUp 软件建模时，放样命令是＿＿＿＿＿＿。

(2) 在使用"推 / 拉"工具时，＿＿＿＿＿＿＿可以重复上一次推拉的尺寸。

(3) 当锁定一个方向时，按住＿＿＿＿＿＿＿键可以保持这个锁定。

(4) 使用"拉伸"工具对物体进行缩放时，确定缩放方向后在数值输入框中输入＿＿＿＿＿＿＿可以镜像对象。

3. 操作题

用户课后可以利用本章学习的知识创建一个简单的沙发模型，并为其添加尺寸标注，场景参考右图。

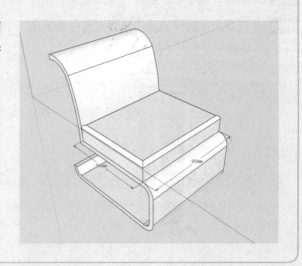

Chapter

03

SketchUp的高级操作

　　SketchUp作为三维设计软件，绘制二维图形只是铺垫，最终目的还是建立三维模型。第2章介绍了SketchUp的基本建模和辅助工具的操作方法，接下来本章将要介绍一些高级建模功能和场景管理工具，以便于进一步制作模型。

重点难点

- 高级工具
- 实体工具
- 物体的显示
- 光影设定

高级工具

SketchUp的高级工具包括"组"、"组件"、"材质与贴图"3种工具，主要用来对场景模型进行管理。

01 组工具

在SketchUp中，组可以将部分模型包裹起来从而不受外界（其他部分）的干扰，同样也便于用户对其进行单独操作。因此合理地创建和分解组能使建模更方便有序，提高建模效率，减少不必要的操作过程。

1. 组的创建与分解

创建组的操作步骤如下。

Step 01 选择需要创建组的物体，单击鼠标右键，在弹出的快捷菜单中单击"创建组"命令，如下左图所示。

Step 02 组创建完成的效果如下中图所示，这时单击任意物体的任意部位，即会发现它们成为了一个整体。

分解组的操作步骤同创建组基本相似，选择组，单击鼠标右键，在弹出的快捷菜单中单击"分解"命令即可，如下右图所示，这时原来的组物体将会重新分解成多个独立的单位。

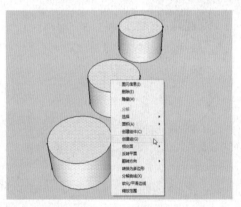
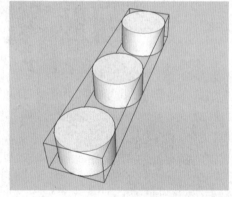

2. 组的嵌套

组的嵌套即组中包含组。创建一个组后，再将该组同其他物体一起再次创建成一个组，操作步骤如下。

Step 01 如下左图所示的场景中有多个组，选择场景中的所有物体并单击鼠标右键，在弹出的快捷菜单中单击"创建组"命令。

Step 02 单击场景中任意一个物体，就可以发现场景中的多个物体变成了一个整体，如下右图所示。

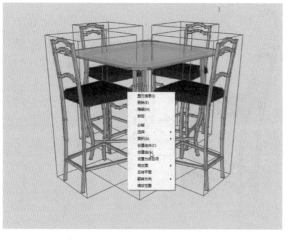
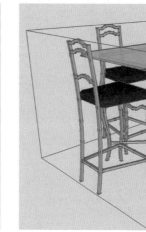

⟲ **知识链接**

在有嵌套的组中使用"分解"命令,一次只能分解一级嵌套。如果有多级嵌套,就必须一级一级进行分解。

3. 组的编辑

双击组或者在右键快捷菜单中单击"编辑组"命令,即可对组中的模型进行单独选择和调整,调整完毕后还可以恢复到组状态,操作步骤如下。

Step 01 打开上面的组模型,选择对象,如下左图所示。

Step 02 再用鼠标双击该组,可以看到模型周围显示出一个虚线组成的三维长方体,如下右图所示。

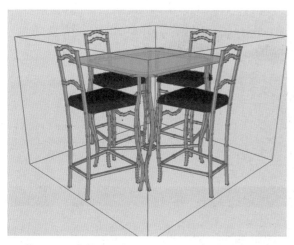
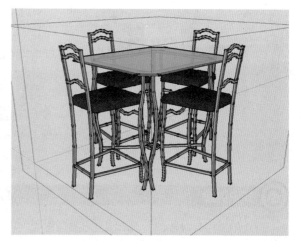

Step 03 此时可以单独选组内的模型进行编辑。选择其中一个模型并单击"移动"工具,将其进行适当移动,如下左图所示。

Step 04 调整完毕后单击"选择"工具,再将光标移动到虚线框外单击即可恢复组状态,如下右图所示。

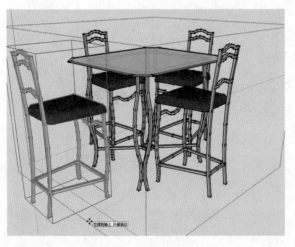

专家技巧

在组打开后，选择其中的模型，按Ctrl+X组合键可以暂时地将其剪切出组。关闭组后，再按Ctrl+V组合键就可以将该模型粘贴进场景并移出组。

4. 组的锁定与解锁

在场景如果有暂时不需要编辑的组，用户可以将其锁定，以免误操作。选择组，单击鼠标右键，在弹出的快捷菜单中单击"锁定"命令即可，如下左图所示。锁定后的组会以红色线框显示，并且用户不可以对其进行修改，如下中图所示。

如果要对组进行解锁，单击右键快捷菜单中的"解锁"命令即可，如下右图所示。

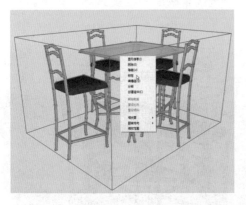

知识链接

只有组才可以被锁定，物体是无法被锁定的。

02　组件工具

"组件"工具主要用来管理场景中的模型，将模型制作成组件，可以精简模型个数，方便模型的选择。如果复制出多个，对其中一个进行编辑时，其他模型也会同样变化，这一点同3ds Max中的实例复制相似。此外，模型组件还可以单独导出，不但方便与他人分享，也方便以后再次利用。

1. 组件的创建与编辑

创建组件的操作步骤如下。

Step 01 打开模型并全选，单击鼠标右键，在快捷菜单中单击"创建组件"命令，如下左图所示。

Step 02 打开"创建组件"对话框，在名称文本框中输入组件名称，单击"创建"按钮即可，如下右图所示。

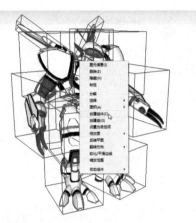 

🔄 **知识链接**

　　在"创建组件"对话框中勾选"总是朝向镜头"、"阴影朝向太阳"复选框，这样不论如何旋转视口，组件都始终以正面面向视口，以避免出现不真实的单面渲染效果。

Step 03 组件创建完成后，如果需要对组件进行修改，只需要单击鼠标右键，在弹出的快捷菜单中单击"编辑组件"命令即可，如下左图所示。

Step 04 组件进入编辑状态后，周围会以虚线框显示，这时用户就可以对其进行操作编辑了，如下右图所示。

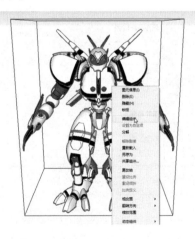 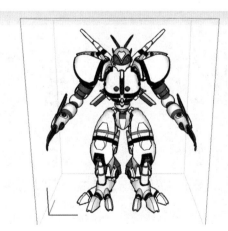

2. 导入与导出组件

完成了组件的创建后，用户可以将其导出为单独的模型，以方便分享及再次调用，具体操作步骤如下。

Step 01 选择创建好的组件，单击鼠标右键，在弹出的快捷菜单中单击"另存为"命令，如下左图所示。

Step 02 打开"另存为"对话框，选择存储路径并为其命名，单击"保存"按钮即可，如下右图所示。

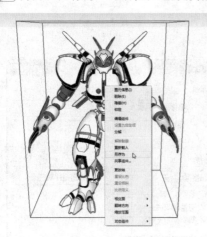

知识链接

模型只有被保存在SketchUp安装路径中名为"Components"的文件夹内，才能通过"组件"对话框被直接调用。

Step 03 如需再次调用该模型，则执行"窗口 > 组件"命令，如下图所示。

Step 04 打开"组件"对话框，从中选择保存的组件，如下右图所示。

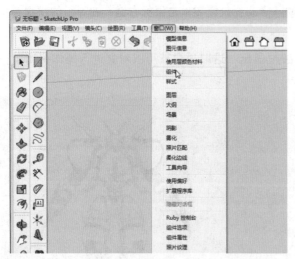

Step 05 在场景中的任意一点单击，即可将该组件插入到场景中。

3. 组件库

个人制作的组件数量有限，在大量作图时就供应不上。Google公司在收购了SketchUp之后，结合其自身强大的搜索功能，使得用户可以直接在SketchUp程序中搜索组件，同时也可以将自己制作好的组件上传到互联网中分享给其他用户使用，这样就构成了一个十分庞大的组件库。操作方法如下。

Step 01 执行"窗口 > 组件"命令，打开"组件"对话框，单击"在模型中"右侧的下拉按钮，在弹出的列表中选择相应的组件类型，如下左图所示。

Step 02 此时组件就会自动进入到Google 3D模型库中搜索，如下右图所示。

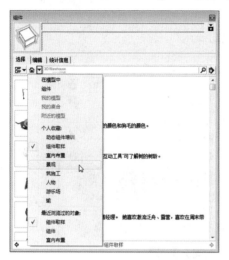

Step 03 除了默认组件外，用户还可以输入字符进行自定义搜索，如下左图所示。

Step 04 在搜索列表中单击需要的模型，系统会自动进行下载，如下右图所示。

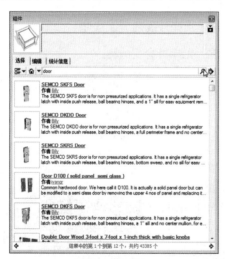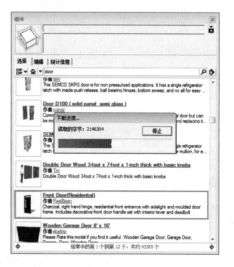

Step 05 下载完毕后，在视口中单击即可将其插入。

 知识链接

> 使用Google 3D模型库进行组建上传，需要注册Google用户并同意上传协议。

03 材质与贴图

　　材质是模型在渲染时产生真实质感的前提，配合灯光系统可以使模型体现出颜色、纹理、明暗等。由于在SketchUp中只有简单的天光表现，所以其中的材质表现并不明显，但是正因如此，SketchUp的材质显示操作异常简单迅速。

1．材质的赋予及编辑

操作步骤如下。

Step 01 打开模型，单击〝颜料桶〞按钮，打开〝使用层颜色材料〞面板，在该面板中已经分类制作好了一些材质，供用户直接使用，如下左图所示。

Step 02 单击文件夹即可进入该类材质列表，如下右图所示。

Step 03 为避免材质赋予错误，首先要选择好对象，这里选择沙发靠背及坐垫，如下左图所示。

Step 04 在〝使用层颜色材料〞面板中单击需要的材质，光标将会变成 。

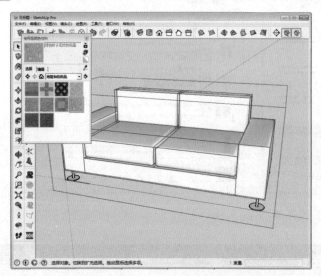 

Step 05 移动光标到沙发上并单击，可以看到沙发坐垫及靠背已经被赋予了材质，如下左图所示，但是贴图尺寸太大，需要对贴图进行编辑。

Step 06 在〝使用层颜色材料〞面板中单击〝编辑〞栏，即可看到该材质的颜色、纹理等，如下右图所示。

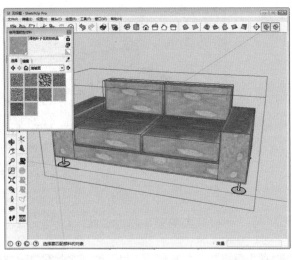 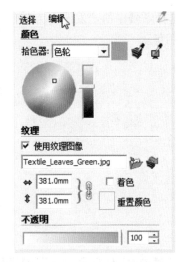

Step 07 调整颜色及纹理尺寸并勾选"着色"复选框，如下左图所示。

Step 08 此时在视口中可以看到沙发坐垫及靠背的颜色及材质纹理已经发生了变化，如下右图所示。

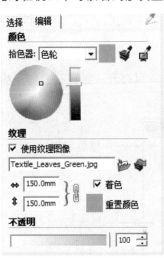 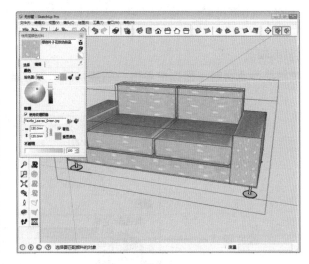

Step 09 返回"使用层颜色材料"面板，选择"金属"文件夹，如下左图所示。

Step 10 打开金属材质列表，选择一种金属材质，如下右图所示。

Step 11 选择场景中的沙发腿，为其赋予材质，效果如右图所示。

🔄 **知识链接**

　　如果场景中的模型已经指定了材质，可以单击 "在模型中" 按钮🏠进行查看。此外，还可以单击 "样本颜料" 按钮🖊直接在模型的表面吸取其具有的材质。

2. 材质编辑器

　　在 "使用层颜色材料" 面板中单击 "创建材质" 按钮🎨，即可打开 "创建材质" 面板，如下图所示。

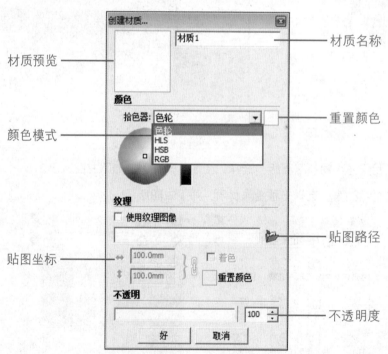

材质名称。新建材质的第一步就是为材质起一个名称，简短易识别，如 "木纹"、"玻璃" 等。

材质预览。用户通过材质预览窗口可以看到当前的材质效果，包括材质的颜色、纹理、透明度等。

颜色模式。单击 "颜色模式" 下拉按钮，可以选择默认模式外的 "HLS"、"HSB"、"RGB" 三种颜色模式。

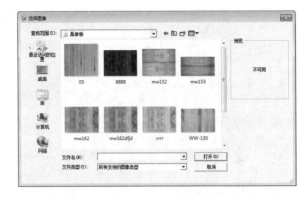

重置颜色。单击该色块，系统将恢复颜色的RGB值为137、122、41的默认状态。

纹理贴图路径。单击"贴图路径"后的"浏览材质图像文件"按钮 🖐，即可打开"选择图像"对话框来进行贴图的选择，如右图所示。

贴图坐标。默认的贴图尺寸如果不适合场景对象，用户也可以在这里进行贴图尺寸的调整。

🔄 **知识链接**

添加贴图后，"使用纹理图像"复选框将被自动勾选。另外通过勾选该复选框也可以自动打开"选择图像"对话框。如果想取消贴图的使用，取消勾选该复选框即可。

不透明度。不透明度值越高，材质越不透明，用户可以在这里调整材质的透明效果。

🔄 **知识链接**

单击"锁定/解除锁定图像高宽比"按钮 可以选择是否锁定贴图的高度和宽度，从而调整贴图的形状。

3. 贴图的调整

用户还可以对模型的贴图进行进一步的调整，操作步骤如下。

`Step 01` 选择赋予材质的模型表面并单击鼠标右键，在弹出的快键菜单中单击"纹理"命令，在打开的子菜单中单击"位置"命令，如下左图所示。

`Step 02` 此时模型的周围会显示出用于调整贴图的半透明平面与四色别针，如下右图所示。

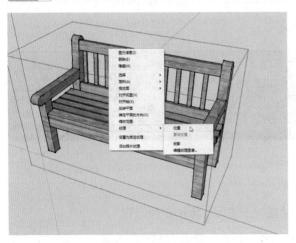

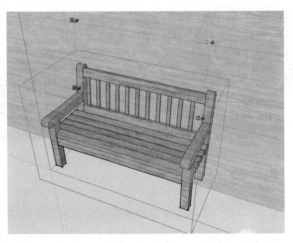

将光标分别移动到这四色别针上，会显示出每种别针的作用，如下四张图所示。

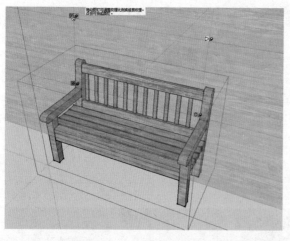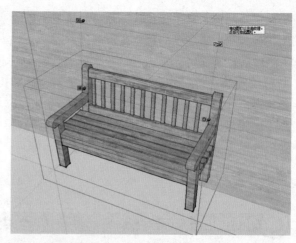

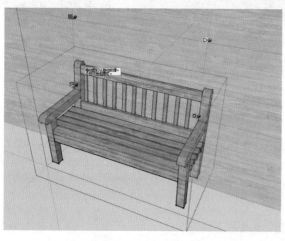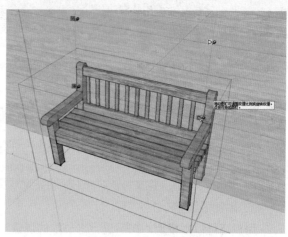

用户根据四色别针的提示对贴图进行操作即可。

Section 02 实体工具

SketchUp中的实体工具包括"外壳"、"相交"、"联合"、"减去"、
"剪辑"、"拆分"6个工具，如右图所示，接下来分别介绍
每种工具的使用方法。

实体工具

01 外壳

"外壳"工具可以快速将多个单独的实体模型合并成一个实体，操作步骤如下。

Step 01 使用SketchUo创建两个模型，此时如果直接使用"外壳"工具对其进行编辑，将会出现"不
是实体"的提示，如下左图所示。

Step 02 在这里首先要将其中一个模型创建为组，如下右图所示。

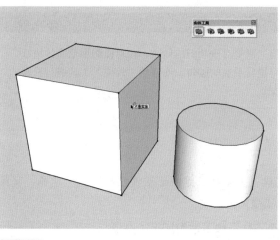 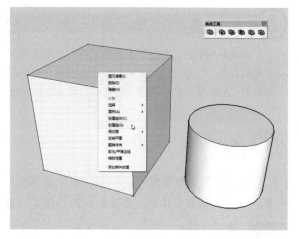

Step 03 激活"外壳"工具，将光标移动到创建的组上，将会出现"①实体组"的提示，表示当前合并的实体数量，如下左图所示。

Step 04 使用同样的方法将右侧的模型也转化为组，再次激活"外壳"工具，将光标移动到一个实体上单击，再将光标移动到另一个实体上，如下右图所示。

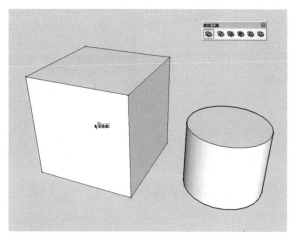 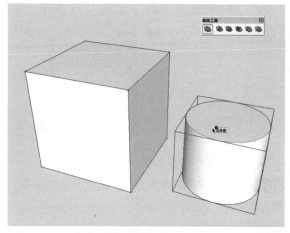

Step 05 单击确认即可将两个实体组成一个实体，如右图所示。

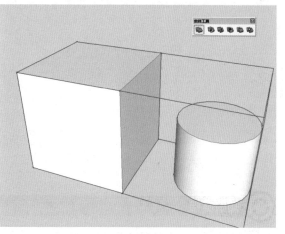

🔄 **知识链接**

    如果场景中需要合并的实体较多，用户可以先选择全部的实体，再单击"外壳"工具按钮即可进行快速的合并。

👤 专家技巧

　　SketchUp中的"外壳"工具的功能与之前介绍的"组"嵌套有些相似的地方，都可以将多个实体组成一个大的对象。但是，使用"组"嵌套的实体在打开后仍可进行单独的编辑，而使用"外壳"工具进行组合的实体是一个单独的实体，打开后模型将无法进行单独的编辑。

02 相交

　　"相交"工具也就是大家熟悉的布尔运算交集工具，大多数三维图形软件都具有这个功能，交集运算可以快速获取实体之间相交的那部分模型，操作步骤如下。

Step 01 激活"相交"工具，单击选择相交的其中一个实体，如下左图所示。

Step 02 再移动光标到另一个实体上并单击，如下右图所示。

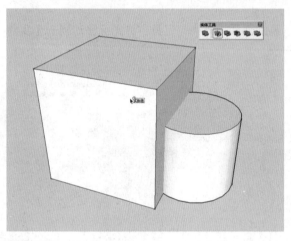
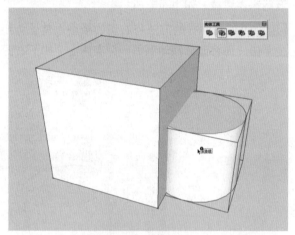

Step 03 如此即可获得两个实体相交部分的模型，如右图所示。

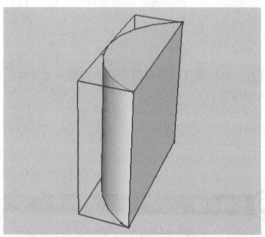

🔄 知识链接

　　"相交"工具并不局限于两个实体之间，多个实体也可以使用该工具。操作时用户先选择全部相关实体，再单击"相交"工具按钮即可。

03　联合

"联合"工具即布尔运算并集工具，在SketchUp中，"联合"工具和之前介绍的"外壳"工具的功能没有明显的区别，其使用方法同"相交"工具，这里不再多介绍。

04　减去

"减去"工具即布尔运算差集工具，运用该工具可以将某个实体中与其他实体相交的部分进行切除，操作方法如下。

Step 01 激活"减去"工具，单击相交的其中一个实体，这里选择正方体，如下左图所示。

Step 02 再单击另一个实体圆柱体，如下右图所示。

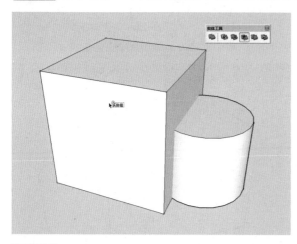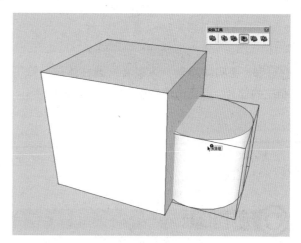

Step 03 运算完成后可以看到圆柱体被删除了与正方体相交的那部分，正方体也被删除，如右图所示。

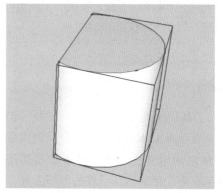

　知识链接

在使用"减去"工具时，实体的选择顺序决定了最后的运算结果。运算完成后保留的是后选择的实体，先选择的实体及相交的部分将会被删除。

05　剪辑

"剪辑"工具类似于"减去"工具，不同的是使用"剪辑"工具运算后只会删除后面选择的实体的相交的那部分，操作步骤如下。

Step 01 激活"剪辑"工具，单击相交的其中一个实体，这里选择正方体，如下左图所示。

Step 02 再单击另一个实体圆柱体，如下右图所示。

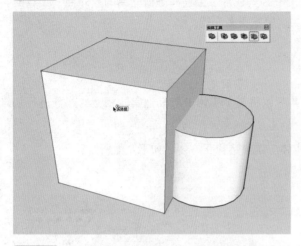 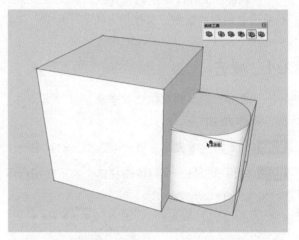

Step 03 将实体移动，可以看到圆柱体被删除了相交的部分，而正方体完整无缺，如右图所示。

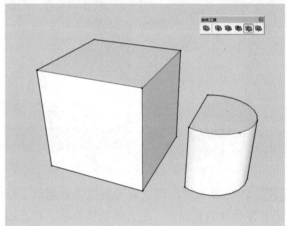

⟳ **知识链接**

　　与"减去"工具相似，使用"剪辑"工具选择实体的顺序不同会产生不同的修剪结果。

06 拆分

　　"拆分"工具功能类似于"相交"工具，但是其操作结果在获得实体相交的那部分同时仅删除实体和实体之间相交的部分，结果如右图所示，其操作步骤同"相交"、"减去"等工具，这里不多介绍。

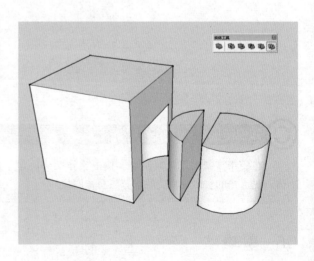

Section 03 物体的显示

SketchUp是一个直接面向设计的软件，为了能让客户更好地了解方案，SketchUp让用户可以从各种角度、各种方式显示模型效果来满足设计方案的表达。

01 7种显示模式

SketchUp的"样式"工具栏中包含了"X射线"、"后边线"、"线框"、"隐藏线"、"阴影"、"阴影纹理"、"单色"7种显示模式，如右图所示。

X射线。 该模式的功能是可以将场景中所有物体都透明化，就像用X射线扫描的一样，如下左图所示。在此模式下，可以在不隐藏任何物体的情况下方便地观察模型内部的构造。

后边线。 该模式的功能是在当前显示效果的基础上以虚线的形式显示模型背面无法观察到的线条，如下右图所示。在当前为"X射线"和"线框"模式下时，该模式无效。

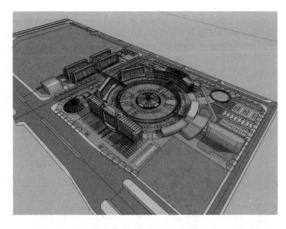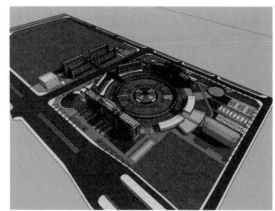

线框。 该模式是将场景中的所有物体以线框的方式显示，如下左图所示。在这种模式下，所有模型的材质、贴图和面都是失效的，但是此模式下的显示非常迅速。

隐藏线。 该模式将仅显示场景中可见的模型面，此时大部分的材质与贴图会暂时失效，仅在视图中体现实体与透明的材质区别，如下右图所示。

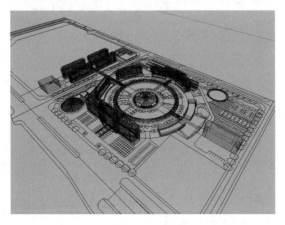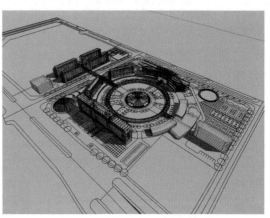

阴影。该模式是介于"隐藏线"和"阴影纹理"之间的一种显示模式，该模式在可见模型面的基础上，根据场景已经赋予过的材质，自动在模型表面生成相近的色彩，如下左图所示。在该模式下，实体与透明的材质区别也有体现，因此模型的空间感比较强烈。

　　阴影纹理。该模式是SketchUp中最全面的显示模式，材质的颜色、纹理及透明度都将得到完整的体现，如下右图所示。

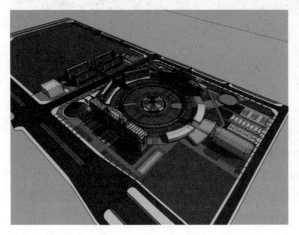

　　单色。该模式是一种在建模过程中经常使用到的显示模式，以纯色显示场景中的可见模型面，以黑色显示模型的轮廓线，有着很强的空间立体感，如右图所示。

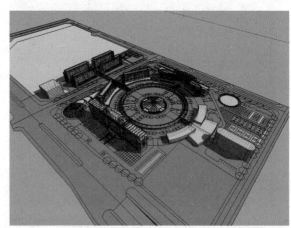

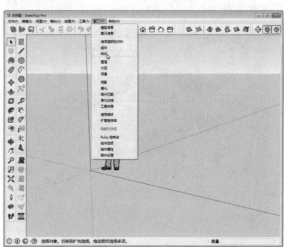

02　背景与天空

　　场景中的建筑物等并不是孤立存在的，需要通过周围的环境烘托，比如背景和天空。在SketchUp中用户可以根据个人喜好进行这二者的设置，操作方法如下。

Step 01 执行"窗口>样式"命令，如右图所示。

Step 02 打开"样式"面板,在"编辑"选项板中单击"背景设置"按钮⬜,如下左图所示,即可对背景选项进行设置。

Step 03 单击背景颜色的色块,打开"选择颜色"对话框,设置颜色模式为RGB,并设置参数,如下右图所示。

Step 04 单击天空颜色的色块,设置天空颜色,如下左图所示。

Step 05 关闭"样式"面板,即可看到场景中背景天空设置后的效果,如下右图所示。

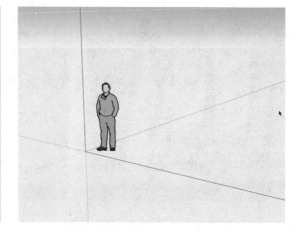

03 边线的显示效果

　　SketchUp俗称草图大师,主要是因为通过设置SketchUp的边线可以显示出类似于手绘草图风格的效果,如右图所示。

执行"视图＞边线样式"命令，在其子菜单中可以快速设置"轮廓"、"深度暗示"、"延长"等，如下左图所示。另外在"样式"面板中也可以设置边线的显示，如下右图所示。

打开模型，如下左图所示为模型仅显示边线的效果。

勾选"轮廓"复选框，可以看到场景中的模型边线将得到加强，如下右图所示。

勾选"深度暗示"复选框，边线将以比较粗的深色线条显示，如下左图所示。但是由于这种效果影响模型的细节，通常不予勾选。

勾选"延长"复选框，即可显示出手绘草图的效果，两条相交的直线会稍微延伸出头，如下右图所示。

知识链接

打开"样式"面板，单击"选择"标签，在下面的列表中单击"手绘边线"文件夹，如下左图所示，即可打开"手绘边线"的样式库，用户可以任意选择边线的样式，如下右图所示。

光影设定

物体在光线的照射下都会产生光影效果，通过阴影效果和明暗对比可以衬托出物体的立体感。SketchUp的阴影设置虽然很简单，但是其功能是比较强大的。

01 设置地理参照

南北半球的建筑物接受日照不一样，因此，设置准确的地理位置，是SketchUp产生准确光影效果的前提。操作步骤如下。

Step 01 执行"窗口＞模型信息"命令，打开"模型信息"对话框，选择"地理位置"选项，可以看到当前模型尚未进行地理定位，如下左图所示。

Step 02 单击"手动设置位置"按钮，打开"手动设置地理位置"对话框，手动输入地理位置，如下右图所示，单击"好"按钮即可。

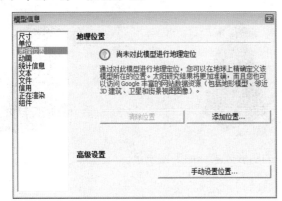 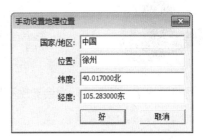

🔄 知识链接

很多用户不注意地理位置的设置。由于纬度的不同，不同地区的太阳高度、太阳照射的强度与时间都不相同。如果地理位置设置不正确，阴影与光线的模拟就会失真，从而影响整体的效果。

02 设置阴影

通过"阴影"工具栏可以对时区、日期、时间等参数进行十分细致的调整，从而模拟出十分准确的光影效果。执行"视图 > 工具条"命令，在"工具栏"对话框中选择"阴影"选项，即可打开"阴影"工具栏，如下图所示。

1. 阴影设置

单击"阴影设置"按钮🔘，打开"阴影设置"面板，如下左图所示。"阴影设置"面板中第一个参数设置是UTC调整，UTC是协调世界时的英文缩写。在中国统一使用北京时间（东八区）为本地时间，因此以UTC为参考标准，北京时间应该是UTC+8:00，如下右图所示。

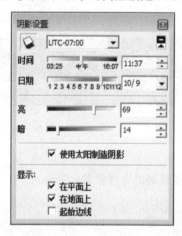 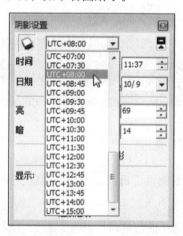

设置好UTC时间后，拖动面板中"时间"后面的滑块来进行调整，在相同的日期不同的时间将会产生不同的阴影效果，如下图所示。

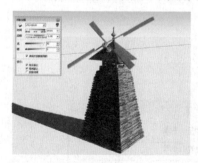 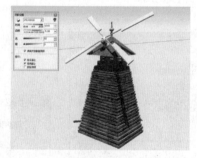 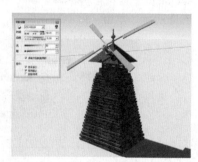

而在同一时间下，不同日期也会产生不同的阴影效果，如下图所示。

 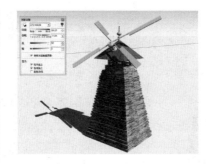 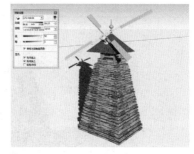

在其他参数不变的情况下，调整亮暗参数的滑块，也可以改变场景中阴影的明暗对比，如下图所示。

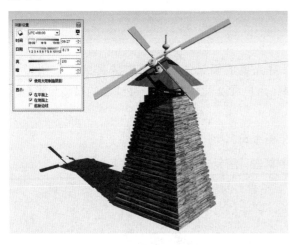 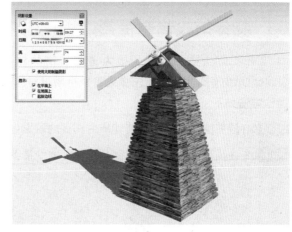

2. 阴影的显示切换

在SketchUp中，用户可以通过"阴影"工具栏中的"显示/隐藏阴影"按钮 对整个场景的阴影进行显示与隐藏，如下图所示。

3. 日期与时间

"阴影"工具栏中的"日期"与"时间"滑块与"阴影设置"面板中的同名滑块功能相同，拖动滑块即可调整阴影效果，如下图所示。

03 物体的投影与受影

在实际生活中，除了极为透明的物体外，在灯光或者阳光的照射下物体都会产生阴影。SketchUp中有时为了美化图像或者保持明暗对比效果，用户可以人为地取消一些模型的投影与受影，操作方法如下。

Step 01 调整模型的阴影，使其产生真实的阴影效果，如下左图所示。

Step 02 在风车上单击鼠标右键，在弹出的快捷菜单中单击"图元信息"命令，如下右图所示。

 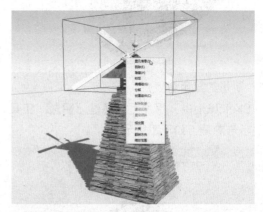

Step 03 在弹出的"图元信息"对话框中可以看到"投射阴影"与"接收阴影"复选框都已经被勾选，如下左图所示。

Step 04 如果取消勾选"投射阴影"复选框，则场景中的风车不再有阴影显示，如下右图所示。

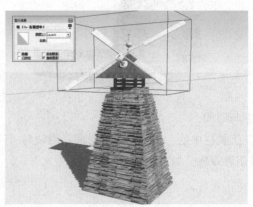

Step 05 如果选择风车底座并取消其"接收阴影"复选框的勾选，则风车不会在底座上投影，如下左图所示。

Step 06 如果同时取消勾选风车底座的"投射阴影"和"接收阴影"复选框，则风车正常投影，而风车底座的投影消失，如下右图所示。

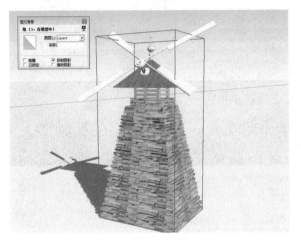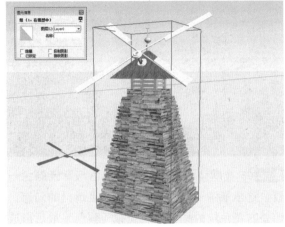

Section 05 雾化效果

在SketchUp中还有一种特殊的"雾化"效果，可以烘托环境的氛围，增加一种雾气朦胧的效果。操作步骤如下。

Step 01 打开模型，可以看到模型现有的阳光下的效果，如下左图所示。

Step 02 执行"窗口 > 雾化"命令，打开"雾化"面板，可以看到当前模型并未开启"显示雾化"，如下右图所示。

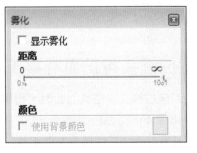

Step 03 勾选"显示雾化"复选框，并调整右侧的距离滑块，可以看到场景中已经产生了浓雾的效果，如下左图所示。

Step 04 拖动左侧滑块，调整雾气细节，效果整体上并未产生太大的变化，如下右图所示。

Step 05 在默认设置下雾气的颜色与背景颜色一致，这里取消"使用背景颜色"复选框的勾选，调整右侧色块的颜色来改变雾气颜色，最后形成清晨淡淡雾气下光照的效果，如右图所示。

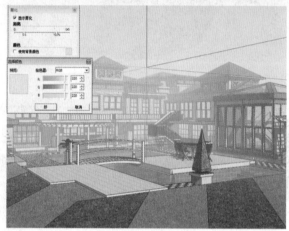

Section 06 漫游工具

漫游工具包括"定位镜头"、"正面观察"、"漫游"3个工具，位于"镜头"工具栏中，如右图所示。其中"定位镜头"和"正面观察"工具用于相机位置与观察方向的确定，而"漫游"工具则用于制作漫游动画。

01 定位镜头与正面观察工具

激活"定位镜头"工具，此时光标将变成 ，移动光标至相机目标放置点单击即可，系统默认眼睛高度为1676.4mm，如下左图所示。

相机设置好后，按住鼠标左键不放，拖动光标即可进行视角的转换，如下右图所示。

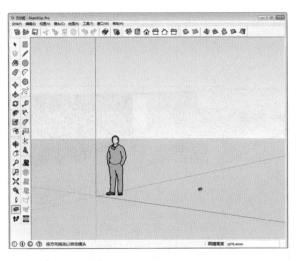
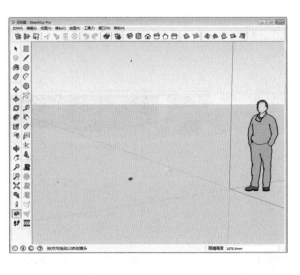

🔄 **知识链接**

　　设置好相机后，转动鼠标中键，即可自动调整相机的眼睛高度。为了以后的其他操作，执行"视图>动画>添加场景"命令，即可创建一个单独的场景进行保存，如右图所示。

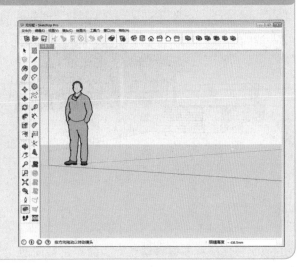

02　漫游工具

　　通过"漫游"工具，用户可以模拟视角跟随观察者移动，从而在相机视图内产生连续变化的漫游动画效果。

1. 漫游工具的基本操作

　　启用"漫游"工具后，光标将会变成👣，用户通过鼠标、Ctrl键以及Shift键就可以完成前进、上移、加速、旋转等漫游动作，操作步骤如下。

Step 01 打开模型，激活"漫游"工具，光标变成👣，如下左图所示。

Step 02 在视图内按住鼠标左键向前推动相机即可产生前进的效果，如下右图所示。

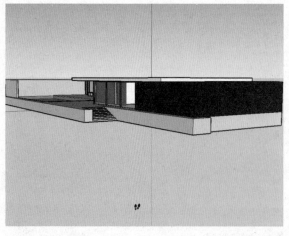 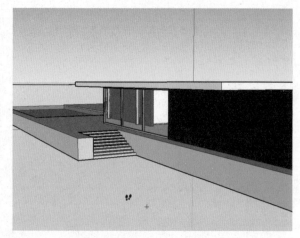

Step 03 按住Shift键上下移动鼠标，可以升高或者降低相机的视点，如下左图所示。

Step 04 按住Ctrl键推动鼠标，会产生加速前进的效果，如下右图所示。

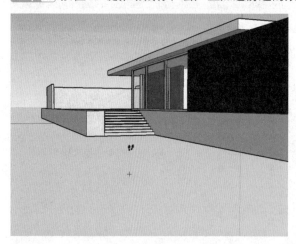 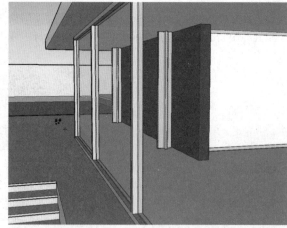

Step 05 按住鼠标左键移动光标，会产生转向的效果，如右图所示。

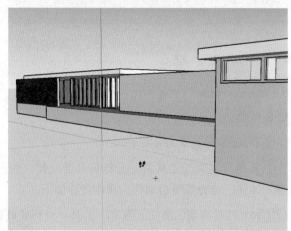

2. 设置漫游动画

创建漫游路线设置动画效果的操作方法如下。

Step 01 打开模型，观察当前的相机视角，如下左图所示。

Step 02 为了避免操作失误，首先创建一个场景，执行"视图＞动画＞添加场景"命令，如下右图所示。

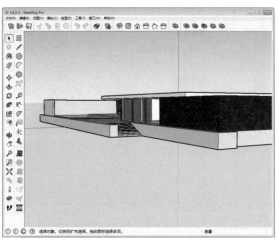 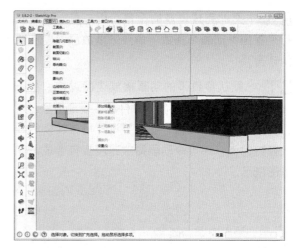

Step 03 激活"漫游"工具，待光标变成 👣 后，按住鼠标左键推动使镜头向前移动，如下左图所示。

Step 04 前进到一定的距离时，按住鼠标左键向左移动光标产生转向，直至如下右图所示的画面时释放鼠标，并添加新的场景。

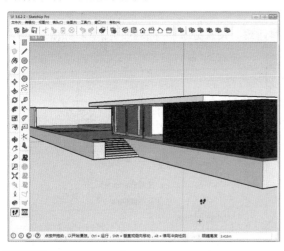 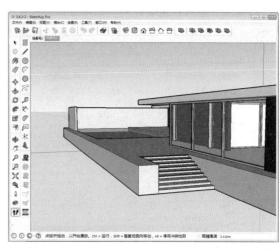

Step 05 向后移动鼠标并旋转镜头，再次向前移动到如下左图所示画面时释放鼠标，并添加新的场景。

Step 06 按住Ctrl键向左后方快速旋转移动，再向右前方快速旋转移动，直到如右下图所示画面时释放鼠标并添加新的场景。

 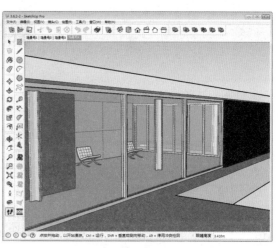

Step 07 至此完成漫游的设置。用户可以通过执行"视图＞动画＞播放"命令来播放已设置完成的动画。

Step 08 默认参数下的动画播放速度过快，执行"视图＞动画＞设置"命令会打开"模型信息"对话框的"动画"面板，在这里设置场景转换时间及延迟时间，即可令动画播放速度变得合适，如右图所示。

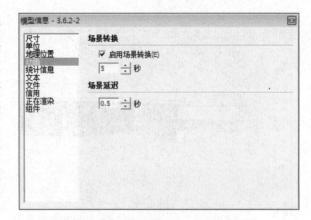

3. 输出漫游动画

场景漫游动画设置完毕后，用户可以将其导出，方便后期添加特效及非SketchUp用户观看，操作步骤如下。

Step 01 执行"文件＞导出＞动画＞视频"命令，打开"输出动画"对话框，设置动画存储路径及名称，再设置导出文件类型，如下左图所示。

Step 02 单击"选项"按钮，打开"动画导出选项"对话框，设置分辨率等参数，如下右图所示。

Step 03 设置完成后单击"导出"按钮即可开始输出，并显示如下左图所示的进度框。

Step 04 输出完毕后，通过播放器即可观看动画效果。如下右图所示。

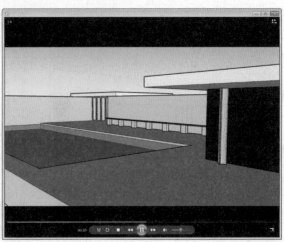

场景的后期加工制作

通过本章的学习，我们已经了解了SketchUp的高级功能，包括实体的操作以及场景的后期制作等，下面来实战演练一下前面所学的知识，以提高应用能力和水平。

Step 01 设置场景效果。打开模型，观察模型现有的状态，如下左图所示。模型已经被赋予了材质，我们下面的操作可以省去赋予材质这一步骤。

Step 02 执行"窗口>样式"命令，打开"样式"面板，切换到"编辑"面板，单击"背景设置"按钮◻，进入背景设置面板，设置背景颜色，如下右图所示。

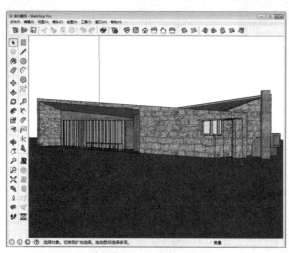 

Step 03 勾选"天空"复选框，设置天空颜色，如下左图所示。

Step 04 单击"边线设置"按钮▣，进入边线设置面板，勾选"延长"、"端点"复选框，如下右图所示。

Step 05 此时可以看到场景中的环境以及模型的显示效果都发生了变化，如下左图所示。

Step 06 执行"窗口>阴影"命令，打开"阴影设置"面板，单击"显示/隐藏阴影"按钮◻，观察启动了阴影显示后的效果，如下右图所示。

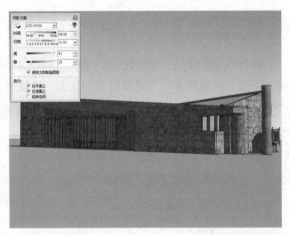

Step 07 在"阴影设置"面板中设置时间、日期等参数,调整场景的阴影显示效果,如下左图所示。

Step 08 执行"窗口>雾化"命令,打开"雾化"面板,勾选"显示雾化"复选框,取消勾选"使用背景颜色"复选框,并设置距离参数及雾化颜色,效果如下右图所示。

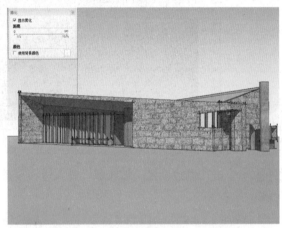

Step 09 制作漫游动画。在当前视角下,执行"视图>动画>添加场景"命令,创建新的场景,如下左图所示。

Step 10 激活"漫游"工具,当光标变成 👣 时,按住鼠标左键向前推进,到如下右图所示的视角时,释放鼠标并创建新的场景。

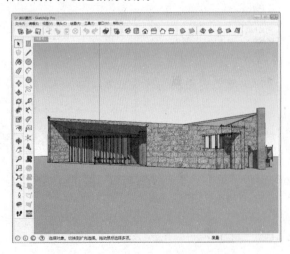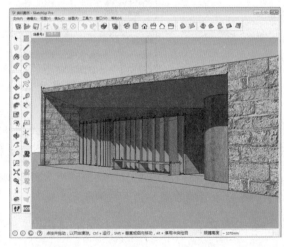

Step 11 向后推动鼠标，再向前大幅度旋转视口，到如下左图所示的视角时释放鼠标，并创建新的场景。

Step 12 向右旋转鼠标，再按住Shift向上移动视角，当到达天井位置时，再向下移动视角，旋转视角至如下右图所示的场景时，释放鼠标并创建新的场景。

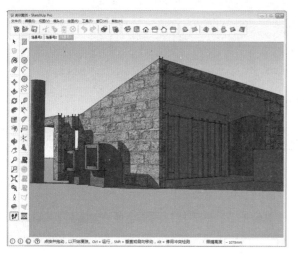 

Step 13 向上移动视角，退出天井，再移动鼠标从后门处进入室内，旋转视角到如下左图所示的场景时，释放鼠标并创建新的场景。至此完成漫游场景的制作。

Step 14 返回到场景1，执行"视图>动画>设置"命令，打开"模型信息"的"动画"面板，设置场景转换时间及延迟时间，如下右图所示。

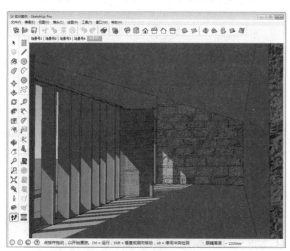 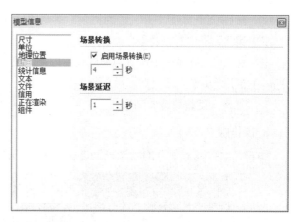

Step 15 执行"视图>动画>播放"命令，即可播放漫游动画。

课后练习

1. 选择题

(1) SketchUp 的材质属性包括（　　）等几种。

　　A. 名称、阴影、透明度、纹理坐标、尺寸大小

　　B. 名称、颜色、透明度、纹理贴图、尺寸大小

　　C. 名称、材质、透明度、纹理贴图、尺寸大小

　　D. 名称、颜色、透明度、纹理贴图、数量大小

(2) 以下是场景信息正确的一组内容的是（　　）。

　　A. 矩形　　　　　　　　B. 阴影　　　　　　　　　C. 单位　　　　　　　　　D. 群组

(3) 相比较 3ds Max 而言，SketchUp 中的材质贴图缺少了（　　）。

　　A. 颜色　　　　　　　　B. 尺寸　　　　　　　　　C. 凹凸　　　　　　　　　D. 透明度

(4) 关于组件工具的说法，正确的是（　　）。

　　A. 组件可以将部分模型包裹起来从而不受外界（其他部分）的干扰，同样也便于对其进行单独操作

　　B. 对组件中一个进行编辑时，其他模型也会同样变化

　　C. 组件中还可以嵌套组件

　　D. 对于暂不需要编辑的组件，用户可以暂时将其锁定

(5) 以下不属于物体的显示模式的是（　　）。

　　A. X 射线　　　　　　　B. 线框　　　　　　　　　C. 阴影纹理　　　　　　　D. 平滑

2. 填空题

(1) 在 SketchUp 软件中，线的粗细、端点的显示大小、轮廓的线宽应该在_____面板中调整。

(2) 实体工具中的_____、_____、_____相当于 3ds Max 中的交集、并集、差集。

(3) 用户可以在菜单中设置边线的显示效果，还可以通过_____对边线进行设置。

(4) 启用"漫游"工具后，用户通过_____、_____以及_____就可以完成前进、上移、加速、旋转等漫游动作。

3. 操作题

用户课后可以对现有的场景模型进行背景天空、阴影等效果设置，场景参考效果如下。

Chapter

04

沙盒工具的应用

沙盒工具是常用的一种用于绘制三维地形效果的工具，SketchUp软件默认加载了这一工具。本章我们将对其具体使用方法进行介绍。

重点难点
- 沙盒工具的使用
- 插件的安装与使用

Section 01 沙盒工具

"沙盒"工具是SketchUp中内置的一个地形工具，用于制作三维地形效果。在新版本的SketchUp中，"沙盒"工具是默认加载好的，无需用户再手动加载。"沙盒"工具栏中包含"根据等高线创建"、"根据网格创建"、"曲面拉伸"、"曲面平整"、"曲面投射"、"添加细部"、"翻转边线"7个工具，如右图所示。

01 根据等高线创建

"根据等高线创建"工具的功能是封闭相邻的等高线以形成三角面。其等高线可以是直线、圆弧、圆或者曲线等，将自动封闭闭合或者不闭合的线形成面，从而形成有等高差的坡地。操作步骤如下。

Step 01 用"徒手画"工具在场景中绘制一个曲线平面，如下左图所示。

Step 02 激活"推／拉"工具，按住Ctrl键向上推拉复制，完成如下右图所示的效果。

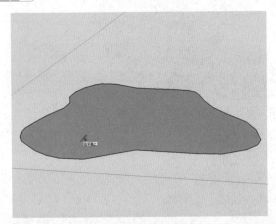 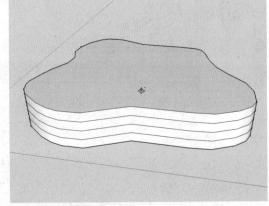

Step 03 删除推拉出的面，仅保留曲线作为等高线，如下左图所示。

Step 04 激活"拉伸"工具，从下到上依次缩放边线，使其形成坡度，如下右图所示。

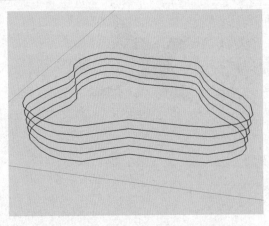 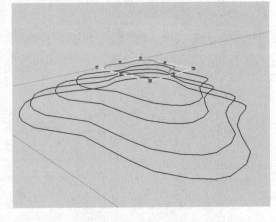

Step 05 选择等高线，适当调整其高度，效果如下左图所示。

Step 06 全选所有等高线，在"沙盒"工具栏中单击"根据等高线创建"按钮📎，根据制作好的等高线，SketchUp将自动生成相对应的地形效果，如下右图所示。

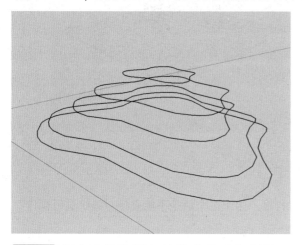
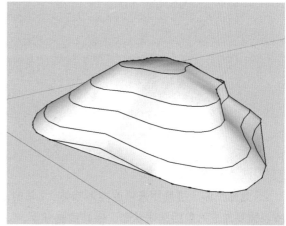

Step 07 逐步选择地形上的等高线进行删除，删除完成后即可得到单独的地形模型，如下图所示。

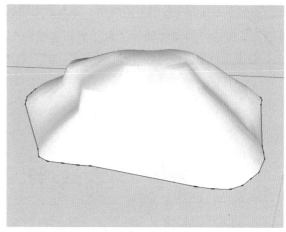

🔄 **知识链接**

　　利用"根据等高线创建"工具制作出的地形细节效果取决于等高线的精细程度，等高线越细致紧密，所制作出的地形图越精致。

02　根据网格创建

　　"根据网格创建"工具的功能是绘制出如下右图所示的方格网状的平面。操作步骤如下。

Step 01 激活"根据网格创建"工具，在视口中单击选择一点作为绘制起点，拖动鼠标绘制网格一边的宽度，单击鼠标确认，如下左图所示。

Step 02 横向拖动鼠标绘制出网格另一边的宽度，单击确认即可完成网格的绘制，如下右图所示。

　　方格网并不是最终的效果，用户可以利用"沙盒"工具栏中的其他工具配合制作出需要的地形。

 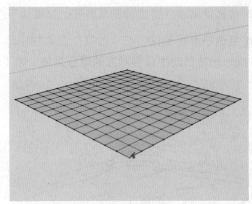

03　曲面拉伸

　　"曲面拉伸"工具用来修改地形物体上Z轴的起伏程度。由于这个命令不能直接对群组进行操作，所以需要先进入群组编辑状态。操作步骤如下。

Step 01 双击视图中绘制好的网格，进入到编辑状态，如下左图所示。

Step 02 激活"曲面拉伸"工具，光标变成一个上下相反的箭头。将光标移动到网格上的一个交点上，会出现一个以该交点为圆心的圆形，如下右图所示。

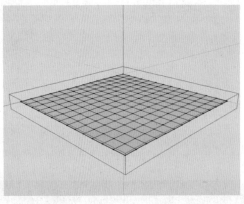 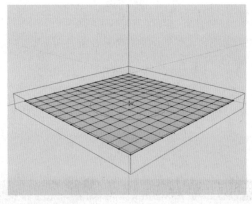

Step 03 单击该点，系统会自动选择圆形内的交点，如下左图所示。

Step 04 向上移动光标并单击鼠标确定，网格会随着光标的移动出现凸起，形成起伏效果，如下右图所示。

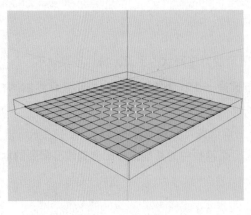 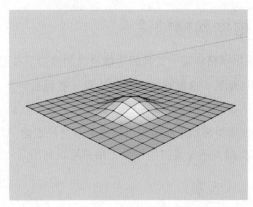

Step 05 在数值控制栏中输入半径值为15000，选择任意一点再次进行地形起伏的操作，得到如下左图所示的效果，可以看到该点半径15000内的地形都发生了起伏变化。

Step 06 设置半径值为5000，选择网格中的任意边线，再次进行地形起伏的操作，得到如下右图所示的山脊效果。

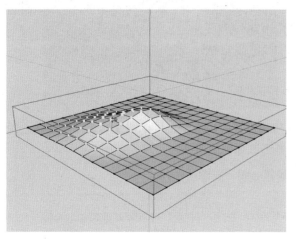 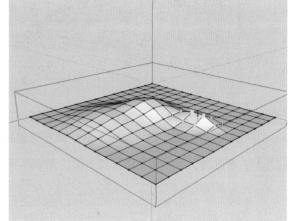

Step 07 选择网格中虚线的对角线进行操作，可以得到斜向起伏的效果，如下左图所示。

Step 08 最终完成效果如下右图所示。

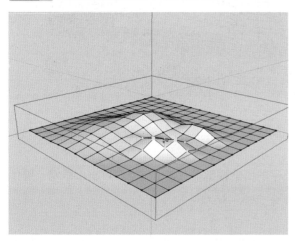 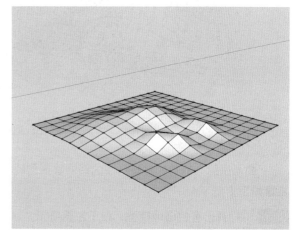

知识链接

　　用户还可以对网格中的面进行操作，另外在数值控制栏中直接输入地形起伏半径可以以扩大地形起伏面积，或者输入精确的起伏高度数值来得到精确的高度。如果输入负值，则会产生凹陷的效果。

04　曲面平整

　　"曲面平整"工具的功能是以建筑物地面为基准面，对地形物体进行平整。操作步骤如下。

Step 01 打开已有模型，可以看到房屋位于山顶上空。选择房屋模型，激活"曲面平整"工具，则房屋模型下方会出现一个红色的长方形，如下左图所示，该矩形即是对下方山地产生影响的范围。

Step 02 将光标移动到山顶位置，光标会变成👆，山地模型也会处于被选中状态，如下右图所示。

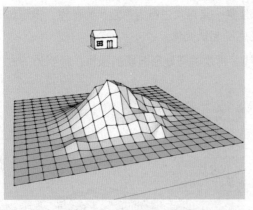 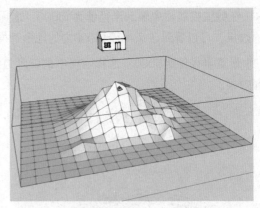

Step 03 单击鼠标，光标会变成上下相反的箭头，在山顶位置会出现一个可以调整的长方体平面，大小同房屋模型的底部，如下左图所示。调整完成后，单击鼠标确认即可。

Step 04 将房屋模型移动到山顶的平面，完成本次的操作，如下右图所示。

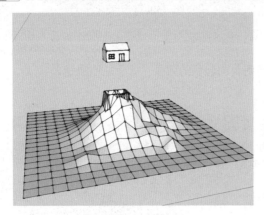 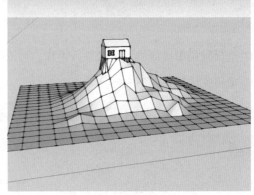

05 曲面投射

"曲面投射"的功能是将平面的路网映射到崎岖不平的山地模型上，在山地上开辟出山路网。操作步骤如下。

Step 01 打开已有的山地模型，如下左图所示。

Step 02 激活"徒手画"工具，绘制出道路的平面图并将其移动到山地上方，如下右图所示。

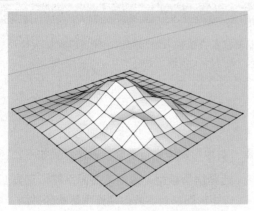 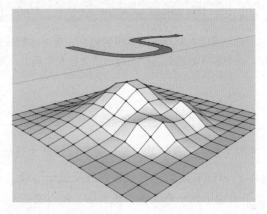

Step 03 选择道路平面图，单击"曲面投射"按钮，将光标移动到山地上方，则光标会变成🖐，而山地模型则显示为被选择状态，如下左图所示。

Step 04 在山地上单击鼠标，道路平面即会在山地上进行投影，山地上会出现道路的轮廓边线，如下右图所示。

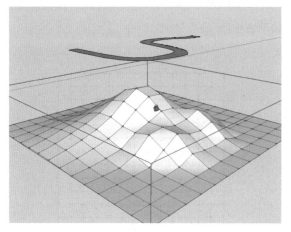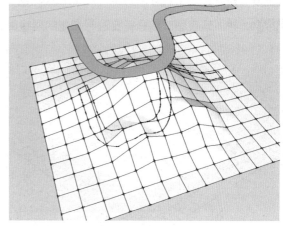

Step 05 隐藏道路平面图，再选择山地，单击鼠标右键，在弹出的快捷菜单中单击"软化/平滑边线"命令，打开"柔化边线"面板，如下左图所示。

Step 06 勾选"平滑法线"复选框，并调整法线角度，如下右图所示。

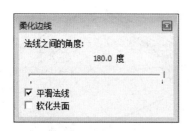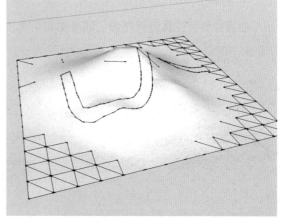

Step 07 双击山地模型进入编辑模式，将多余的线条删除即可，如下图所示。

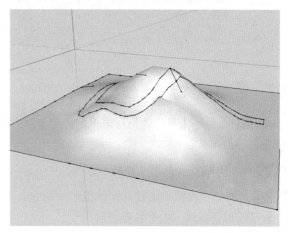

06 添加细部

"添加细部"工具的功能是将已经绘制好的网格物体进一步细化。当原有的网格物体的部分或者全部的网格密度不够时，使用"添加细部"工具可以进行调整。操作步骤如下。

Step 01 打开已经创建好的模型，双击进入编辑模式，如下左图所示。

Step 02 进入顶视图，选择需要进行细化的网格面，如下右图所示。

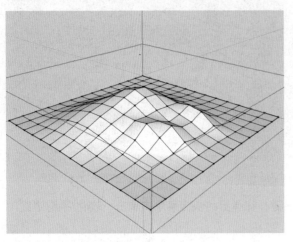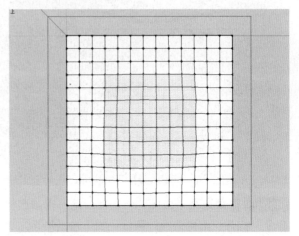

Step 03 回到透视视口，单击"添加细部"按钮，就可以看到选择部分的网格已经进行了重新划分，更加细化，如下左图所示。

Step 04 使用"曲面拉伸"工具进行拉伸，即可得到平滑拉伸的边缘，如下右图所示。

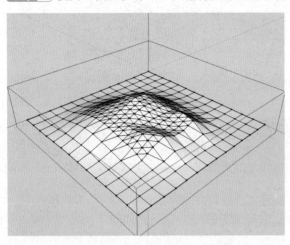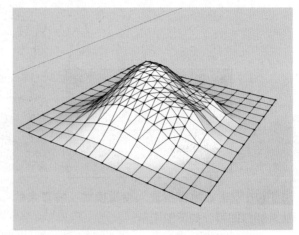

07 翻转边线

"翻转边线"工具的作用是根据地势走向对应改变对角线的方向，从而使地形变得更加平缓。操作步骤如下。

Step 01 打开模型，如下左图所示。

Step 02 执行"视图>隐藏几何体图形"命令，勾选"隐藏几何体图形"命令，则场景中的网格图形会显示出对角虚线，如下右图所示。

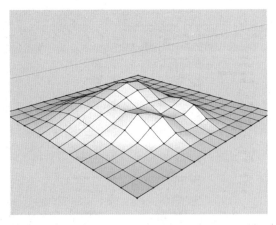
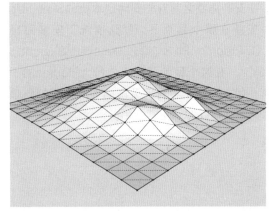

Step 03 双击网格图形进入编辑模式，激活"翻转边线"工具，单击需要翻转的对角线。操作完毕后可以看到一部分的对角线已经被翻转，如右图所示。

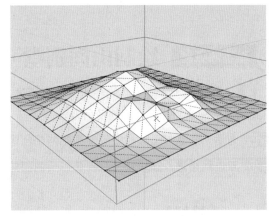

Section 02 插件简介

SketchUp提供了扩展的插件功能，这使得SketchUp的作图路径更加宽广，各种数字造型、异形建筑全靠这些开发出来的插件工具。多数设计者会直接使用他人制作好的插件来完成工作，所以读者只需掌握了插件的一般使用方法即可。

01 Ruby语言简介

Ruby语言是日本的松本行弘于1993年2月24日发明的。该语言的初衷是用来控制文本处理和系统管理任务的，而现在已经成为一种功能强大的面向对象的脚本语言。它可以让用户方便快捷地进行面向对象的编程。

SketchUp的插件文件后缀名是.rb，RB文件就是使用Ruby语言开发的。

02 插件的安装

Ruby语言编辑程序是免费的，所以大多数的SketchUp插件也是免费交流使用的。用户可以到网络上下载所需的插件。

在安装插件之前首先要确定本机的SketchUp软件安装在哪个目录下，默认情况下安装路径为"C:\Program Files (x86)\SketchUp\SketchUp 2013\"，在这个目录下有一个名为Plugins的子目录，如右图所示，只需要将插件文件复制到该文件夹中，插件即可正常使用。

(●) 新手训练营 绘制山间别墅

本章主要介绍了沙盒工具的使用，读者通过本章的学习应能掌握山地地形的创建方法。下面以创建山间别墅为例介绍沙盒工具的使用方法。

Step 01 激活"沙盒"工具栏中的"根据网格创建"工具，在视口中创建网格，如下左图所示。

Step 02 双击网格进入编辑状态，再单击"曲面拉伸"工具，对网格进行拉伸创建，如下右图所示。

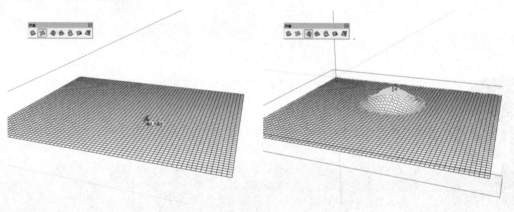

Step 03 照此步骤创建出山地地形，如下左图所示。

Step 04 复制房屋模型到当前场景中，并调整位置，如下右图所示。

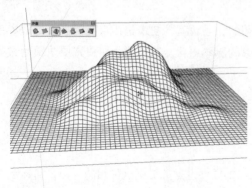
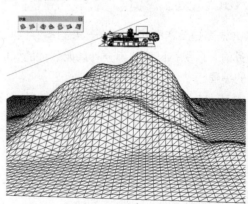

Step 05 选择房屋底部，单击"曲面平整"工具，房屋底部出现一个红色的方框。

Step 06 将光标移动至山地网格上，网格显示为被选中状态，光标会变成🖐，如右图所示。

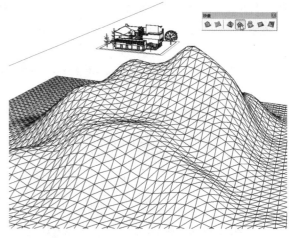

Step 07 单击山地网格，在山地上会出现一个平台，随着光标的移动而改变高度，如下左图所示。

Step 08 调整平台高度，再选择房屋模型，将其移动到平台上，如下右图所示。

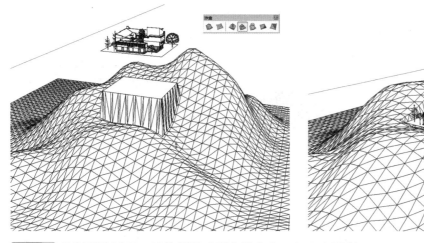

Step 09 绘制道路平面，并将其移动到山地上方，如下左图所示。

Step 10 选择道路平面，激活"曲面投射"工具，再将光标移动到山地网格上方，如下右图所示。

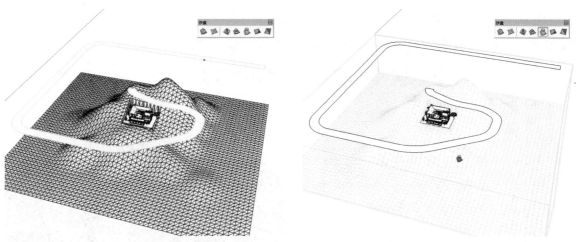

Step 11 单击山地网格，即可完成道路在山地上的投射，如下左图所示。

Step 12 隐藏道路平面，右键单击山地网格，在弹出的快捷菜单中单击"软化/平滑边线"命令，如下右图所示。

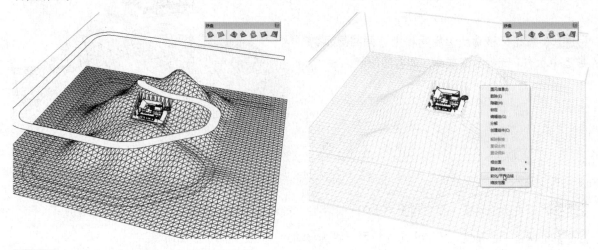

Step 13 打开"柔化边线"面板，设置参数，如下左图所示。

Step 14 平滑边线后的效果如下右图所示。

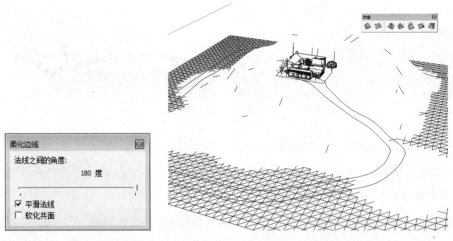

Step 15 删除道路上多余的线条，效果如下左图所示。

Step 16 在"样式"面板中单击选择"阴影纹理"样式，效果如下右图所示。

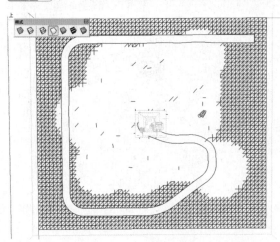
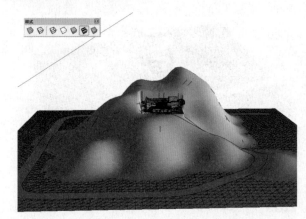

Step 17 接着为山体和道路赋予材质，并隐藏边线显示，效果如下左图所示。

Step 18 执行"窗口>阴影"命令，打开"阴影设置"面板，设置阴影参数，如下右图所示。

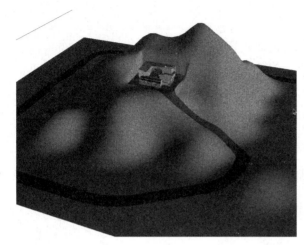

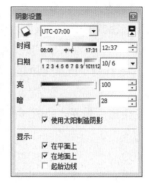

Step 19 最终效果如下图所示。

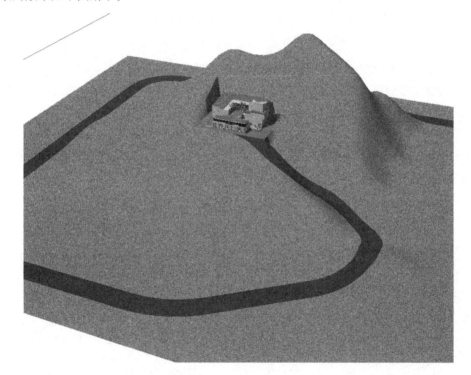

1. 选择题

(1) 尺寸标注可以设置的属性不包括（　　）。

　　A. 文本内容　　　　　　B. 文本字体　　　　　　　C. 文本形状　　　　　　D. 文本大小

(2) 下列哪种格式的图片可以作为镂空贴图（　　）。

　　A. JPG　　　　　　　B. PNG　　　　　　　　　C. GIF　　　　　　　　D. BMP

(3) 按住（　　）键可以柔化边线。

　　A. Ctrl　　　　　　　B. Alt　　　　　　　　　C. Shift　　　　　　　D. Tab

(4) 绘制完矩形后想要改变矩形尺寸，如果要改变第一个尺寸为 400，则应该在数值输入框中输入（　　）。

　　A. > 400　　　　　　B. < 400　　　　　　　　C. = 400　　　　　　　D. ≥ 400

(5) 绘制圆弧时输入 300s 是指（　　）。

　　A. 指定圆弧的半径　　　　　　　　　　　　B. 指定圆弧的弧长

　　C. 指定圆弧的弦高　　　　　　　　　　　　D. 指定圆弧两端点之间的距离

2. 填空题

(1) 以第一个圆弧的一个端点为起点绘制圆弧时，圆弧呈现青色表示_____。

(2) 绘制地形的等高线可以是_____、_____、_____和_____。

(3) 沙盒工具栏中包括_____、_____、_____、_____、_____、_____和 7 个工具。

(4) "翻转边线"工具的作用是根据地势走向对应改变_____的方向，从而使地形变得更加平缓。

3. 操作题

用户课后可以利用等高线创建一个简单的山地地形，参考效果如下图所示。

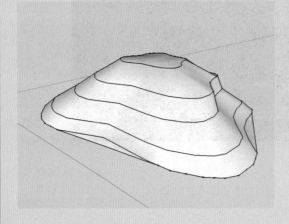 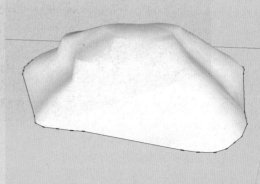

Chapter
05

SketchUp的导入与导出

SketchUp软件虽然是一个面向方案设计的软件，但是其与AutoCAD、3ds Max、Photoshop及Piranesi等几个常用的图形图像软件之间是可以相互协作的。本章就来介绍一下SketchUp的导入与导出功能。

重点难点
- SketchUp的导入功能
- SketchUp的导出功能

Section 01

SketchUp的导入功能

SketchUp支持方案设计的全过程，除了其本身的三维模型制作功能，还可以通过导入图形来制作出高精度、高细节的三维模型。

01 导入AutoCAD文件

在设计的过程中，有些设计师会把AutoCAD所建立的二维图形导入到SketchUp中用作建立三维设计模型的底图。操作步骤如下。

Step 01 执行"文件＞导入"命令，如下左图所示。

Step 02 打开"打开"对话框，设置文件类型为.dwg和.dxf，选择要导入的AutoCAD文件，如下右图所示。

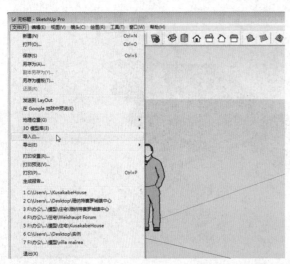 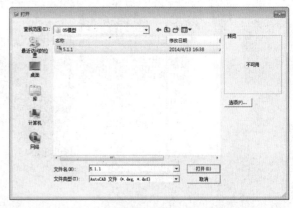

Step 03 单击"选项"按钮，打开"导入AutoCAD DWG/DXF选项"对话框，设置比例单位为毫米，如下左图所示。

Step 04 设置完毕后，即可导入文件，系统会弹出一个进度框，提示导入进度，如下右图所示。

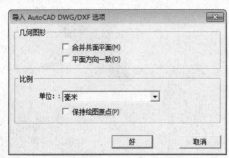 

Step 05 导入完毕后会弹出如下左图所示的对话框。

Step 06 关闭提示框，即可在视口中看到所导入的文件，如下右图所示。

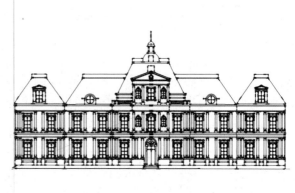

Step 07 对比如右图所示的AutoCAD中的图形效果，可以发现两者并无区别。

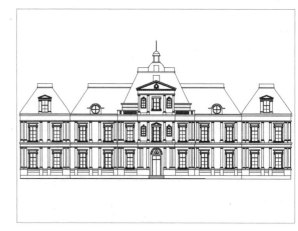

🔄 **知识链接**

　　如果在导入文件前，SketchUp中已经有了别的实体，那么所导入的图形将会自动合并为一个组，以免与已有图形混淆在一起。

　　SketchUp目前支持的AutoCAD图形元素包括线、圆弧、圆、多段线、面、有厚度的实体、三维面、嵌套图块等，还可以支持图层。但是实心体、区域、Splines、锥形宽度的多段线、XREFS、填充图案、尺寸标注、文字和ADT/ARX等物体，在导入时将会被忽略。

　　另外，SketchUp只能识别平面面积大小超过0.0001平方单位的图形，如果导入的模型平面面积小于0.0001平方单位，将不能被导入。

02　导入3DS文件

1. 3DS文件导入方法

SketchUp也支持3DS格式的三维文件的导入，操作步骤如下。

Step 01 执行"文件 > 导入"命令，如下左图所示。

Step 02 打开"打开"对话框，设置文件类型为.3ds，选择要导入的3DS文件，如下右图所示。

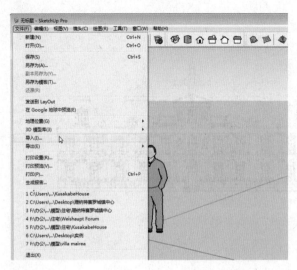

Step 03 单击"选项"按钮，打开"3DS导入选项"对话框，勾选"合并共面平面"复选框，并设置单位，如下左图所示。

Step 04 设置完成后导入文件，系统会弹出进度提示框，如下右图所示。

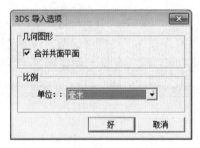

Step 05 文件导入完成后会弹出一个对话框，如下左图所示。

Step 06 关闭提示框，即可看到文件成功导入后的效果，如下右图所示。

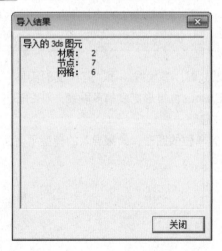
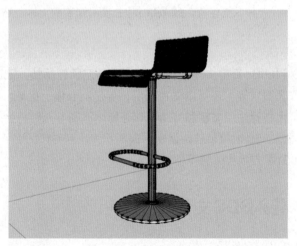

2. 3DS文件导入技巧

在SketchUp中导入3DS文件很容易出现模型移位的问题，如下左图所示。用户可以在3ds Max中将模型转换为可编辑多边形，然后将模型中的其他部分附加为一个整体，如下右图所示。

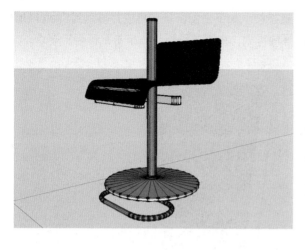 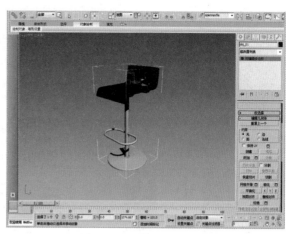

03 导入二维图像文件

　　SketchUp还支持JPG、PNG、TIF、TGA等常用二维图像文件的导入，操作步骤如下：

Step 01 执行〝文件＞导入〞命令，如下左图所示。

Step 02 打开〝打开〞对话框，设置文件类型为JPEG图像，选择要导入的图像文件，如下右图所示。

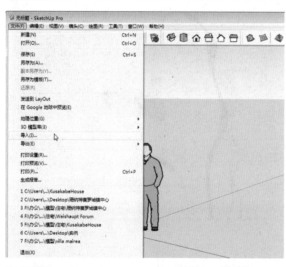 

Step 03 导入二维图像文件后效果如右图所示。

Step 04 用户可根据导入的图片进行捕捉绘图。

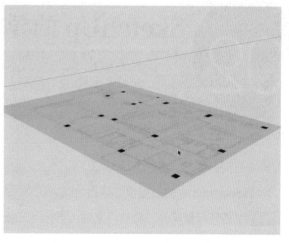

如果在"打开"对话框中选择了"用作纹理"单选按钮，如下左图所示，将图片导入到SketchUp中后，将光标移动到模型的一点上，光标会变成油漆桶的样式，如下右图所示，单击鼠标确定端点。

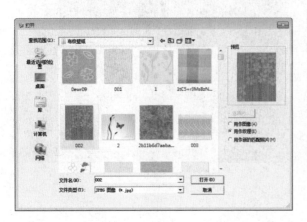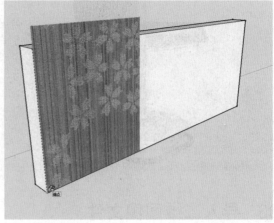

再移动光标至另一端点并单击，则可以将导入的图片用作材质赋予到模型表面，如下左图所示。

如果在"打开"对话框中选择了"用作新的匹配照片"单选按钮，则图片导入后，SketchUp会出现如下图所示的界面，用户可以对其进行配置调整。

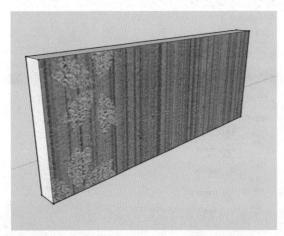

Section 02　SketchUp 的导出功能

SketchUp可以将场景内的三维模型（包括单面对象）进行导出，以方便在AutoCAD或3ds Max中进行处理。

01　导出AutoCAD文件

将SketchUp中的三维模型导出为DWG/DXF格式文件，操作步骤如下。

Step 01 打开模型文件，执行"文件 > 导出 > 三维模型"命令，如下左图所示。

Step 02 打开"导出模型"对话框，选择输出位置并设置输出类型为"AutoCAD文件"，如下右图所示。

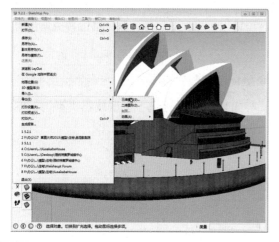 

Step 03 单击"选项"按钮，打开"AutoCAD导出选项"对话框，设置导出文件版本及选项，如下左图所示，设置完成后单击"好"按钮。

Step 04 返回到"导出模型"对话框，单击"导出"按钮，即可将模型导出，模型导出完毕后，系统会弹出对话框，如下右图所示。

Step 05 打开导出的AutoCAD文件，如下左图所示。

在导出AutoCAD文件时，用户可以根据需要在"Auto导出选项"对话框中设置各项参数，如AutoCAD的版本及图像元素，如下右图所示。

02 导出常用三维文件

　　除了DWG文件格式外，SketchUp还可以导出3DS、OBJ、WRL、XSL等一些常用的三维格式的文件。因设计者较常使用3ds Max进行后期的渲染处理，这里就以导出3DS文件为例，讲述其操作步骤。

1. 导出3DS文件

Step 01 打开模型文件，如下左图所示为印度泰姬陵的模型。

Step 02 执行"文件＞导出＞三维模型"命令，打开"导出模型"对话框，设置输出类型为3DS文件，并单击"选项"按钮，如下右图所示。

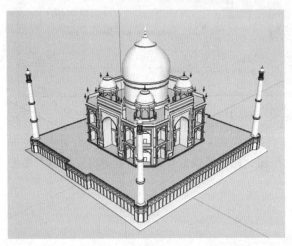

Step 03 打开"3DS导出选项"对话框，根据需要设置选项，如下左图所示。

Step 04 设置完毕后关闭"3DS导出选项"对话框，将模型导出到指定位置（场景模型稍大，需稍等片刻），导出完毕后，系统会弹出对话框，如下右图所示。

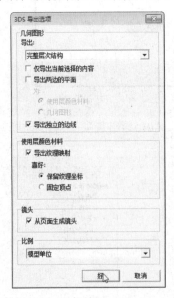
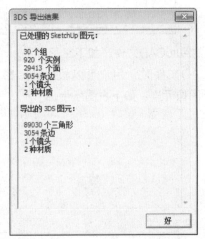

Step 05 找到导出的3DS文件，使用3ds Max将其打开，如下图所示，可以看到导出的3DS文件不但有完整的模型文件，还自动创建了对应的摄影机。

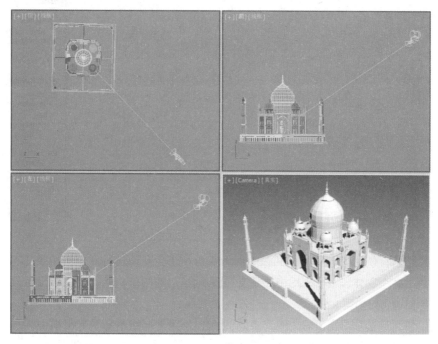

Step 06 在默认设置下渲染摄影机视口，效果如右图所示。

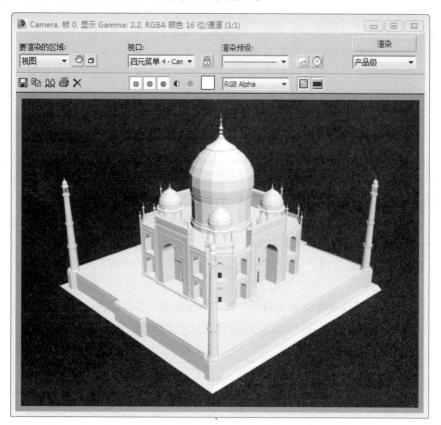

2. 设置 "3DS导出选项" 对话框

在导出3DS文件之前，用户可以对 "3DS导出选项" 对话框进行设置。该对话框如右图所示。

该对话框中各项参数含义如下。

- **完整层次结构**：使用该选项导出3DS文件，SketchUp会自动进行分析，按照几何体、组及组件定义来导出各个物体。由于3DS格式不支持SketchUp的图层功能，因此导出时只有最高一级的模型会导出为3DS模型文件。
- **按图层**：使用该选项导出3PS文件，将以SketchUp组件层级的形式导出模型，在同一个组件内的所有模型将转化为单个模型，处于最高层次的组件将被处理成一个选择集。
- **按材质**：使用该选项导出3DS文件，将以材质类型进行模型的分类。
- **单个对象**：使用该选项导出3DS文件，将会合并为单个物体，如果场景较大，应该避免选择该项，否则会导出失败或者部分模型丢失。
- **仅导出当前选择的内容**：勾选该复选框后，仅将SketchUp中当前选择的对象导出为3DS文件。
- **导出两边的平面**：选择其下的 "使用层颜色材料" 单选按钮，导出的多边形数量和单面导出的多边形数量一样，但是渲染速度会下降，特别是开启阴影和反射效果时。此外将无法使用SketchUp模型表面背面的材质。选择 "几何图形" 单选按钮，结果就会相反，此时将会把SketchUp的面都导出两次，一次导出正面，另一次导出背面，导出的多边形数量增加一倍，同时会造成渲染速度下降。
- **导出独立的边线**：大部分的三维程序都不支持独立边线的功能，3ds Max也是如此。勾选此复选框后，导出的3DS格式文件将创建非常细长的矩形来模拟边线，但是这样会造成贴图坐标出错，甚至整个3DS文件无效，因此在默认情况下该复选框是未勾选的。
- **导出纹理映射**：默认情况下该复选框为勾选，这样在导出3DS文件时，其材质也会被同时导出。
- **从页面生成镜头**：默认该复选框为勾选，这样导出的3DS文件中将以当前视图创建摄影机。
- **比例**：通过其下的选项，可以指定导出模型使用的测量单位。默认设置为模型单位，即SketchUp当前的单位。

3. 3DS格式文件导出的局限性

SketchUp为方案推敲而设计，因此其自身特性必然有区别于其他三维软件之处，在导出3DS文件后，会丢失一些信息。另外3DS格式是一种开发较早的文件格式，其本身即存在局限性（如不能保存贴图等），下面来介绍一下SketchUp导出3DS格式文件的局限性。

物体顶点限制。3DS格式的单个模型最多为64000个顶点与64000个面，如果导出的SketchUp模型超出了这个限制，导出的文件就可能无法在其他三维软件中导入，同时SketchUp自身也会自动监视并进行提示。

嵌套的组或组件。SketchUp不能导出多层次组件的层级关系到3DS文件中，组中的嵌套会被打散，并附属于最高层级的组。

双面的表面。在大多数的三维软件中，默认下只有表面的正面可见，这样可以提高渲染效率。而SketchUp中的两个面都可见，如果导出的模型没有统一法线，导出到别的应用程序中后就可能出现丢失表面的现象。这里用户可以使用翻转法线命令对表面进行手工复位，或者使用同一相邻表面命令，将所有相邻表面的法线方向统一，即可修正多个表面法线的问题。

双面贴图。在SketchUp中的模型表面会有正反两面，但是在3DS文件中只有正面的UV贴图可以导出。

03 导出二维图像文件

SketchUp可以导出的二维图像文件格式有很多，如JPG、BMP、TGA、TIF、PNG等，这里以最常见的JPG格式为例进行介绍。

Step 01 打开模型文件，执行"文件>导出>二维图形"命令，如下左图所示。

Step 02 打开"导出二维图形"对话框，设置输出类型为JPEG图像，如下右图所示。

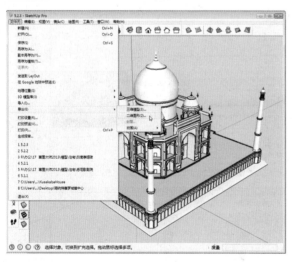

Step 03 单击"选项"按钮，打开"导出JPG选项"对话框，设置图像大小的等导出参数，如下左图所示。

Step 04 设置完毕后关闭该对话框，进行图像导出，导出后效果如下右图所示。

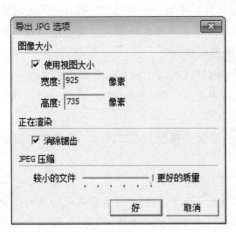

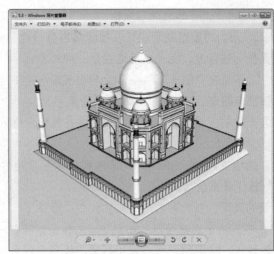

04 导出二维剖切文件

用户还可以将SketchUp中剖切到的图形导出为AutoCAD可用的DWG格式文件，从而在AutoCAD中加工成施工图，操作步骤如下。

Step 01 打开模型文件，如下左图所示可以看到该场景已经应用了"剖切"工具，在视图中可以看到其内部布局。

Step 02 执行"文件 > 导出 > 剖面"命令，如下右图所示。

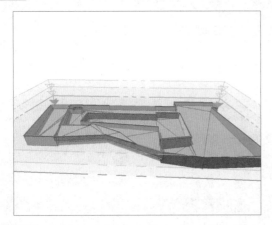

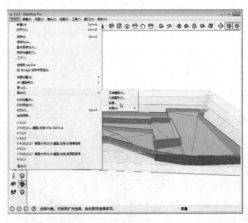

Step 03 打开"输出二维剖面"对话框，设置输出类型为AutoCAD DWG File格式，如右图所示。

Step 04 单击"选项"按钮，打开"二维剖面选项"对话框，根据导出要求设置参数，如下左图所示。

Step 05 文件导出完毕后，系统会弹出对话框，如下右图所示。

Step 06 打开导出的文件，如右图所示。

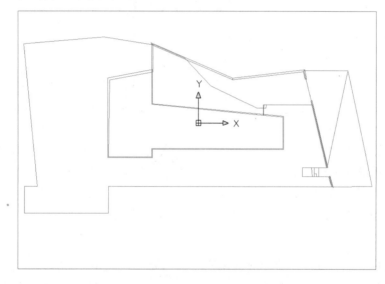

 课后练习

1. 选择题

(1) 用户可以使用（　　）工具绘制辅助线。

    A. 线条　　　　　　　　B. 量角器　　　　　　　　C. 卷尺　　　　　　　　D. 尺寸

(2) SketchUp 不可以对动画场景进行（　　）。

    A. 添加　　　　　　　　B. 编辑　　　　　　　　C. 更新　　　　　　　　D. 删除

(3) SketchUp 的标准视图主要有六种，分别是（　　）。

    A. 等轴视图 仰视图 俯视图 前视图 左视图 后视图

    B. 等轴视图 俯视图 主视图 右视图 后视图 左视图

    C. 仰视图 俯视图 主视图 左视图 后视图 前视图

    D. 等轴视图 俯视图 前视图 左视图 后视图 右视图

(4) SketchUp 的绝对坐标输入形式是（　　）。

    A. x, y, z　　　　　　　B. x y z　　　　　　　　C. x/y/z　　　　　　　　D. x-y-z

(5) 移动对象时按住（　　）键可以复制对象。

    A. Shift　　　　　　　　B. Ctrl　　　　　　　　C. Alt　　　　　　　　D. 空格

2. 填空题

(1) SketchUp 只能识别平面面积大小超过_____平方单位的图形，如果导入的模型平面面积小于该平方单位，将不能被导入。

(2) SketchUp 能够导出_____、_____、_____、_____等格式的二维图像文件。

(3) SketchUp 选择对象时，单击可选择模型中的某个元素，当选择了多余的元素时，按住_____可以减选对象；当需要增加元素时，按住_____可以加选对象。

(4) 相机位置工具主要用来在某一位置观察模型，一般需要配合_____工具来完成。

3. 操作题

用户课后可以试着将一个SketchUp文件导出成3DS格式的文件，如下图所示。

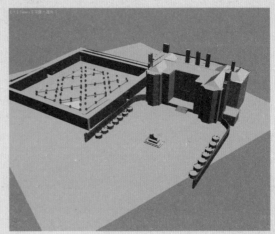

Chapter 06

室内户型图的制作

　　户型图是房地产开发商向广大购房者展示楼盘户型结构的重要手段。本章将介绍利用AutoCAD平面图导入到SketchUp中并建模的设计过程。在本案例中将以一个三居室平面布局图为参考，通过逐步的设计推敲，完成户型模型的制作。

重点难点

- 门窗模型的绘制
- 卧室空间的绘制
- 厨房模型的绘制
- 户型图的完善

Section 01 整理图纸并制作户型基本结构

这一步是制作户型模型的基础，用户需要确定场景单位及导入图纸的单位，二者需一致，这里设置为毫米。

01 整理图纸

制作室内模型首先要准备好图纸，并将其导入到SketchUp中，确定尺寸等信息。操作步骤如下。

Step 01 启动SketchUp2013，执行"窗口>模型信息"命令，如下左图所示。

Step 02 打开"模型信息"对话框的"单位"面板，设置单位格式为"mm"，精确度为0mm，并设置其他参数，如下右图所示。

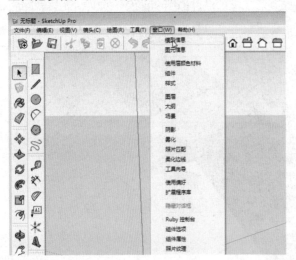
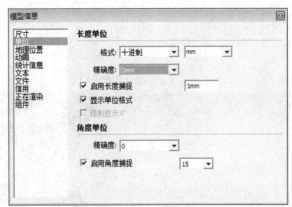

Step 03 执行"文件>导入"命令，打开"打开"对话框，选择需要打开的AutoCAD文件，如下左图所示。

Step 04 单击"选项"按钮，打开"导入AutoCAD DWG/DXF选项"对话框，设置单位为毫米，并勾选需要的复选框，如下右图所示。

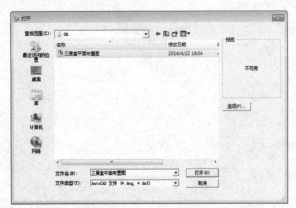

Step 05 设置完毕后关闭该对话框，将AutoCAD文件导入后的效果如下左图所示。

Step 06 激活"卷尺"工具，测量视图中一段墙体的尺寸，如下中图所示，再在AutoCAD中测量该墙体的尺寸进行对比，如下右图所示，可以确认该图样的比例尺寸没有发生改变。

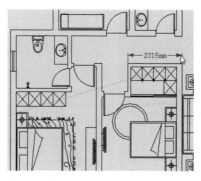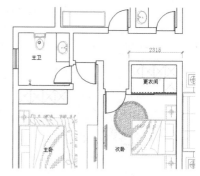

02 制作墙体框架

Step 01 激活"线条"工具，捕捉图样中墙体线条绘制出外墙轮廓，如下左图所示。

Step 02 选择绘制好的墙体轮廓线，激活"推/拉"工具，将其向上推拉出2720mm，如下右图所示。

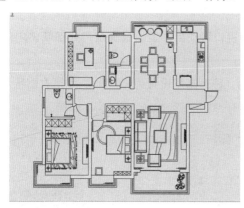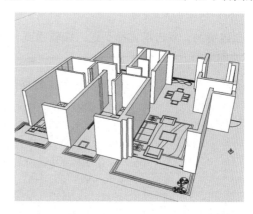

🔄 **知识链接**

为了方便后期门窗的创建，在绘制墙体线时，遇到门洞及窗洞的位置应该用鼠标单击以预留出参考点。

Step 03 执行"视图>正面样式>X射线"命令，如下左图所示。

Step 04 将墙体调整为透明模式，以便于后期创建门洞与窗洞，如下右图所示。

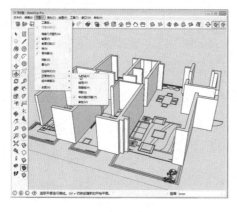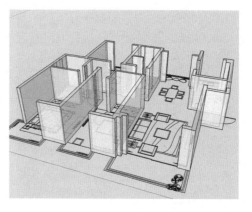

Step 05 为了避免辅助定位等操作分割墙面模型，这里选择所有墙体，单击鼠标右键，在弹出的快捷菜单中单击"创建组"命令，如下左图所示。

Step 06 如此即可将墙体模型创房间为一个整体，如下右图所示。

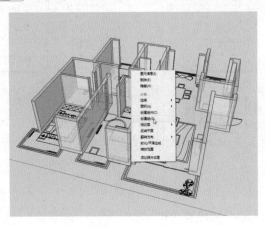 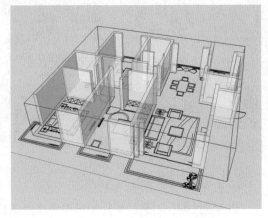

03 创建窗洞和门洞

Step 01 创建窗洞。双击墙体模型进入编辑模式，将视口移动到主卫，选择窗户底部墙体内外的两条线，如下左图所示。

Step 02 激活"移动"工具，按住Ctrl键向上移动复制，移动高度设置为900mm，如下右图所示。

 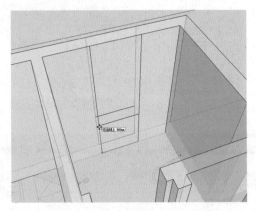

Step 03 同样再次向上移动复制，移动高度为1680mm，如下左图所示。

Step 04 激活"推/拉"工具，将窗户处向外推出230mm（即墙体的厚度），如下右图所示。

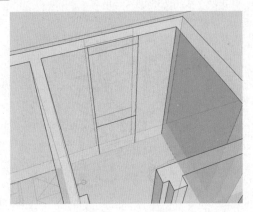 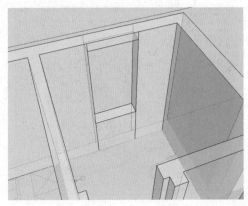

Step 05 同样创建出次卫的窗洞，如下左图所示。

Step 06 将视口移动到主卧飘窗位置，激活"线条"工具，绘制飘窗的轮廓，如下右图所示。

 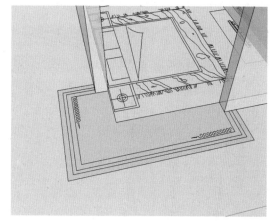

Step 07 选择飘窗轮廓，并移动复制到墙体顶部，如下左图所示。

Step 08 激活"推/拉"工具，推出飘窗上下部分，这里飘窗上部为300mm，底部为700mm，如下右图所示。

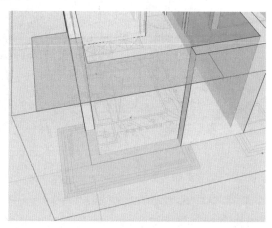 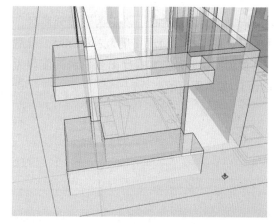

Step 09 按照上述步骤绘制出其他窗洞，其中客厅及餐厅阳台窗户底部为900mm，如下左图所示。

Step 10 制作门洞。将视口移动到入户门处，选择门洞底部的两条线段，如下右图所示。

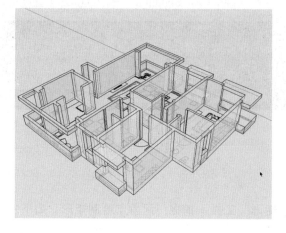 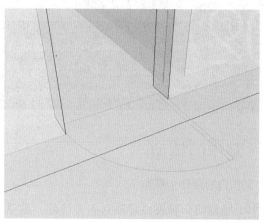

Step 11 激活 "移动" 工具，按住Ctrl键向上移动复制，移动高度为2100mm，如下左图所示。

Step 12 激活 "推/拉" 工具，推出门洞上方墙体，当鼠标拖动到另一侧墙体表面时，单击鼠标并释放，如下右图所示。

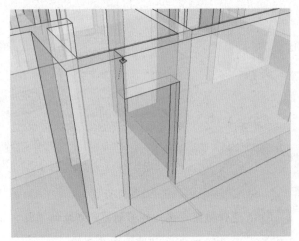

Step 13 按照上述操作步骤，创建出室内其他位置的门洞，完成门洞与窗洞的制作。这里卧室及卫生间门高度为2100mm，次卫为干湿分离区，洗手间只设置门框，门洞高度为2400mm，厨房门洞高度为2200mm，客餐厅阳台门洞高度均为2400mm，如右图所示。

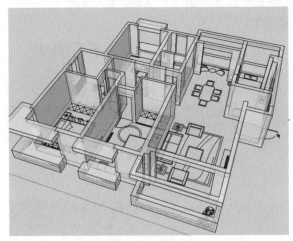

制作门窗

Section 02

在SketchUp中，门窗的创建有两种方法。对于造型较为简单的门窗，用户可以使用 "推/拉" 工具等进行创建，而造型较为复杂的，就可以直接从组件库中调用。

01 制作门模型

制作门的操作步骤如下。

Step 01 绘制门。将视口移动到入户门处，激活 "矩形" 工具，捕捉门洞角点绘制矩形，如下左图所示。

Step 02 激活〝移动〞工具，按住Ctrl键向上移动复制，移动高度设置为900mm，如下右图所示。

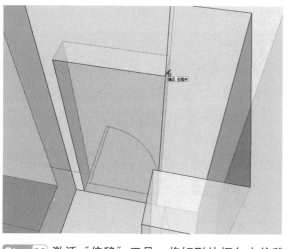 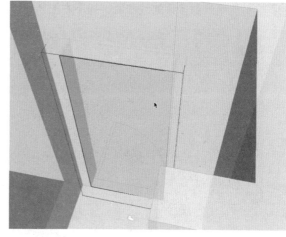

Step 03 激活〝偏移〞工具，将矩形外框向内偏移60mm，如下左图所示。

Step 04 激活〝线条〞工具，在矩形下侧连接内框线绘制两条线段，如下右图所示。

 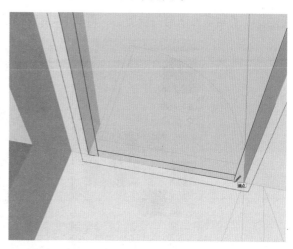

Step 05 激活〝擦除〞工具，清除多余的线条，如下左图所示。

Step 06 激活〝推/拉〞工具，将门框向内推出20mm，如下右图所示。

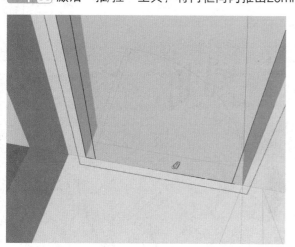 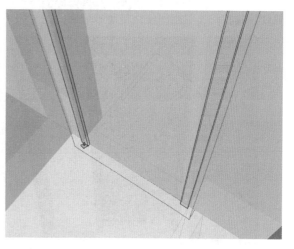

Step 07 将门板向外推出150mm，如下左图所示。

Step 08 删除底部多余的线和面，如下右图所示。

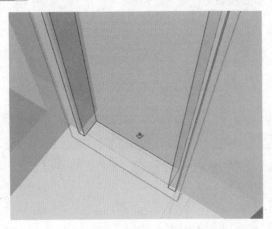 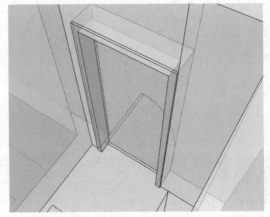

Step 09 单击〝颜料桶〞按钮，打开〝使用层颜色材料〞面板，在〝木质纹〞面板中选择〝原色樱桃木质纹〞材质，如下左图所示。

Step 10 将材质赋予到门模型上，再取消X射线显示模式，如下右图所示。

 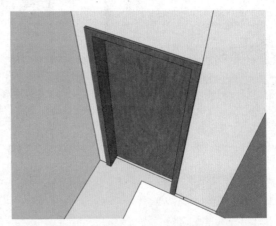

Step 11 制作门把手。为其赋予不锈钢材质，完成入户门的创建，如下左图所示。

Step 12 至于其他室内门的模型，就可以从Google模型库或者自行下载的组件集中调用，厨房及阳台处使用推拉门，卫生间使用带磨砂玻璃的门，如下右图所示。

 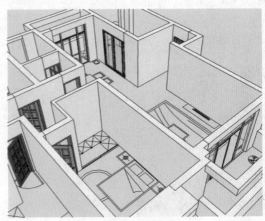

02 制作窗模型

制作窗模型的操作步骤如下。

Step 01 将视口移到主卫处，这里首先来绘制主卫的窗户。激活"矩形"工具，捕捉交点绘制矩形，如下左图所示。

Step 02 选择矩形并将其成组，双击矩形进入到编辑模式，如下右图所示。

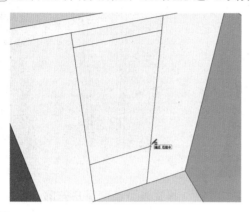 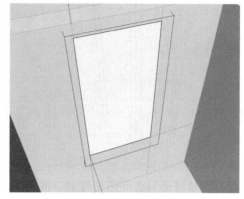

Step 03 激活"偏移"工具，将矩形外框向内偏移40mm，如下左图所示。

Step 04 激活"推/拉"工具，将内部矩形向外推出40mm，如下右图所示。

 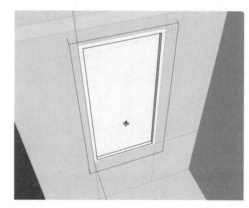

Step 05 激活"线条"工具，捕捉中心点绘制一条线段，如下左图所示。

Step 06 激活"偏移"工具，将内部的两个矩形框向内各偏移40mm，从而形成两扇窗扇，如下右图所示。

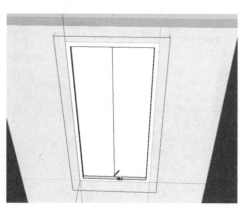 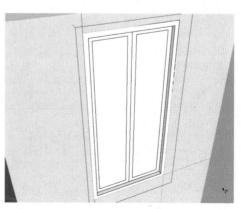

Step 07 激活〝推/拉〞工具，将左侧玻璃的面向外推出20mm，将右侧窗框的面向内推出20mm，完成一扇推拉窗的制作，如下左图所示。

Step 08 打开〝使用层颜色材料〞面板，为推拉窗窗框赋予金属材质，为玻璃赋予半透明材质，如下右图所示。

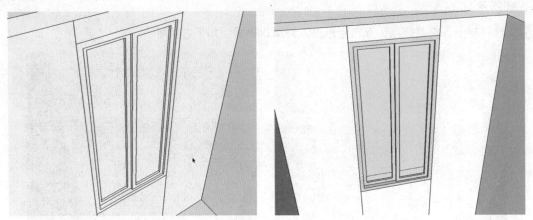

Step 09 再将视口移动到客厅阳台位置，激活〝线条〞工具，捕捉角点绘制窗户轮廓，再使用〝偏移〞工具向内进行二次偏移，分别偏移40mm、60mm，如下左图所示。

Step 10 使用〝线条〞工具封闭窗户轮廓，再激活〝推/拉〞工具，向上推出窗户模型，如下右图所示。

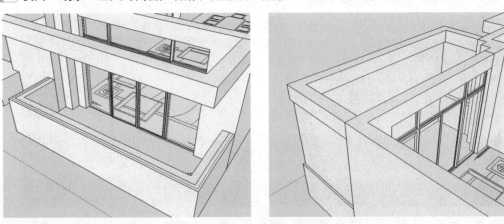

Step 11 隐藏墙体等其他模型，以便于创建窗户，如下左图所示。

Step 12 激活〝偏移〞工具，将模型内侧的面向内偏移40mm，如下右图所示。

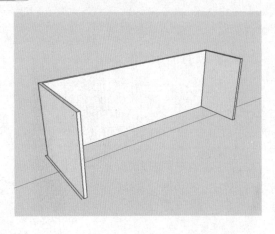
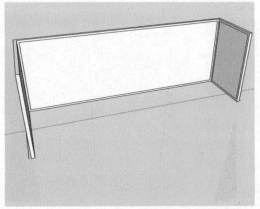

Step 13 选择一条边线并右键单击，在弹出的快捷菜单中单击"拆分"命令，如下左图所示。

Step 14 将该边线分成5等份，如下右图所示，按Enter确认即可。

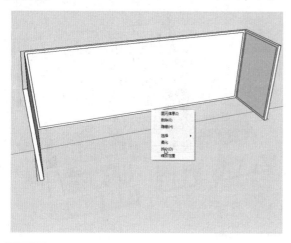
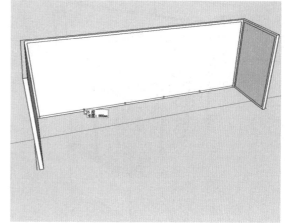

Step 15 激活"线条"工具，绘制五条直线分割平面，如下左图所示。

Step 16 再使用"偏移"工具，偏移出窗扇框的轮廓，如下右图所示。

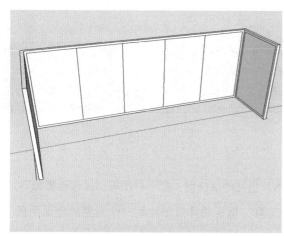
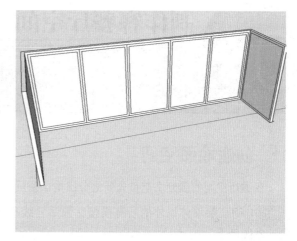

Step 17 激活"推/拉"工具，推拉出窗扇的一前一后的层次，如下左图所示。

Step 18 同样创建出两侧的窗户，并成组，如下右图所示。

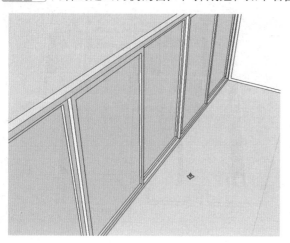
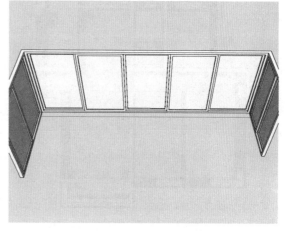

Step 19 为窗框和玻璃分别赋予材质，取消所有模型的隐藏，效果如下左图所示。

Step 20 按照上述操作步骤，完成其他位置窗户的创建并赋予材质，如下右图所示。

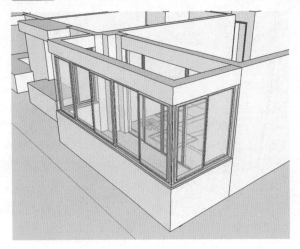 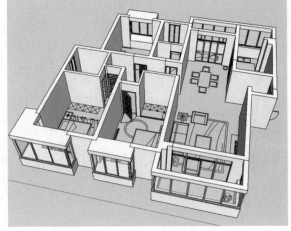

Section 03 制作客餐厅空间

下面介绍一下制作客餐厅空间的方法与步骤。首先介绍创建地面空间的方法步骤；其次介绍创建入户鞋柜的方法与步骤；之后又介绍了添加模型的方法与步骤。

01 创建地面空间

在进行空间的区分之前首先要划分出地面空间，另外包括地面造型、赋予材质等。操作步骤如下。

Step 01 隐藏除墙体以外的所有模型，激活"线条"工具，捕捉墙体底部绘制一个完整的地面平面，如下左图所示。

Step 02 将平面成组，双击进入编辑模式，再利用"线条"工具划分地面空间，如下右图所示。

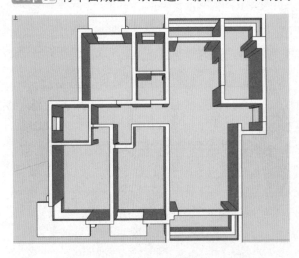 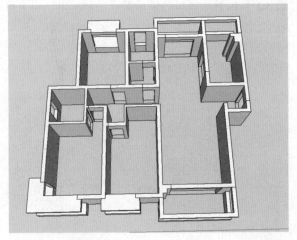

Step 03 激活 "推/拉" 工具，将所有过门石向上推出5mm，如下左图所示。

Step 04 打开 "使用层颜色材料" 面板，为地面的过门石赋予材质，如下右图所示。

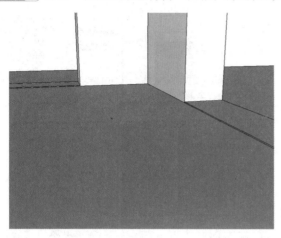
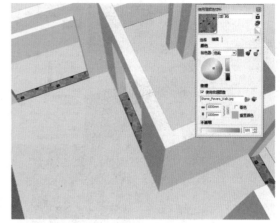

Step 05 再为客餐厅地面赋予白色大理石材质，如下左图所示。

Step 06 为客厅阳台赋予防滑地砖材质，如下右图所示。

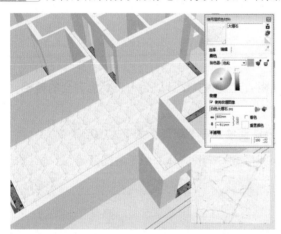
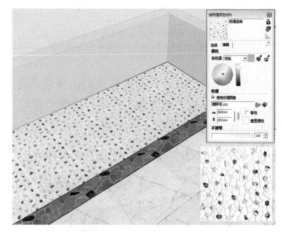

Step 07 同样为卫生间地面赋予该材质，如下左图所示。

Step 08 将视口移动到餐厅阳台位置，激活 "推/拉" 工具，将地面向上推出150mm，制作出休闲区的地台，如下右图所示。

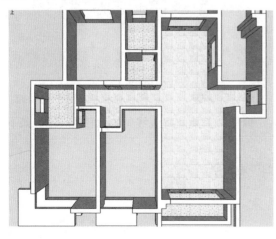
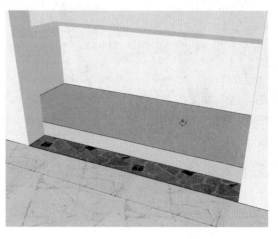

Step 09 为地台赋予木地板材质，如下左图所示。

Step 10 同样为卧室地面赋予该材质，如下右图所示。

 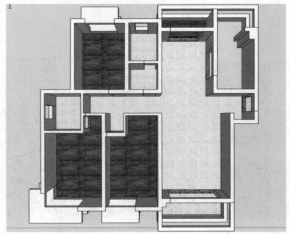

　　完整的家居户型包括客厅、餐厅、卧室、卫生间、厨房等几个日常必需的空间，接下来通过细化各个空间，如家具、装饰等，以体现出各个空间的使用功能。

02 创建入户鞋柜

　　本案例中入户处有一块比较大的区域用来放置鞋柜，这里将其设计成为一个功能齐全的鞋柜，可存放鞋子、悬挂物品及其他杂物等。操作步骤如下。

Step 01 将视口移动到入户处，激活"矩形"工具，沿墙面绘制一个矩形，如下左图所示。

Step 02 激活"推/拉"工具，将矩形向外推出320mm，形成一个长方体，如下右图所示。

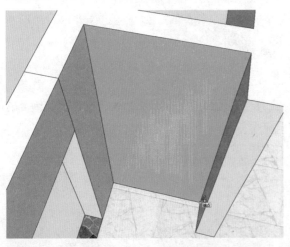 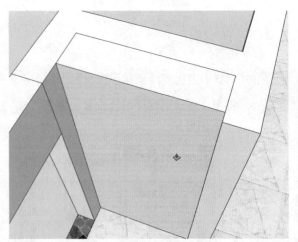

Step 03 将长方体成组，并双击进入编辑模式，激活"偏移"工具，将边线向内偏移30mm，如下左图所示。

Step 04 激活"推/拉"工具，将面向内推出10mm，如下右图所示。

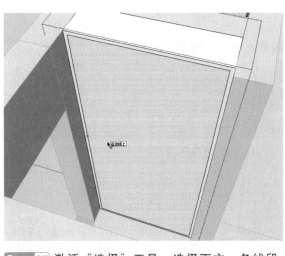
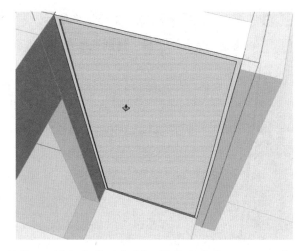

Step 05 激活"选择"工具,选择下方一条线段,按住Ctrl键向上移动复制,移动高度为740mm,如下左图所示。

Step 06 再次向上移动复制线段,移动距离分别为30mm、1200mm,如下右图所示。

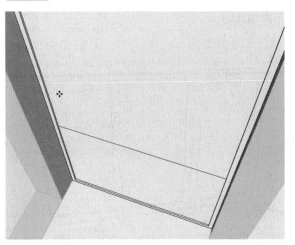
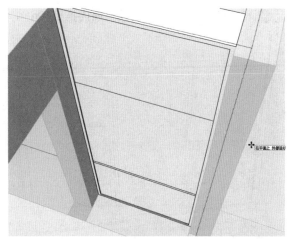

Step 07 隐藏墙体,将视角移动到鞋柜位置,激活"推/拉"工具,将平面向内推出10mm,如下左图所示。

Step 08 选择下方的线段,单击鼠标右键,在弹出的快捷菜单中单击"拆分"命令,如下右图所示。

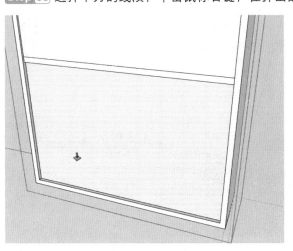
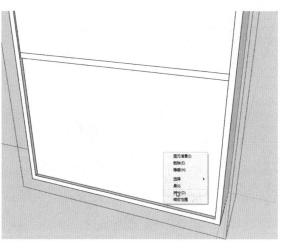

Step 09 将该直线平分为3份，如下左图所示。

Step 10 激活"线条"工具，绘制三条直线，将平面均分，如下右图所示。

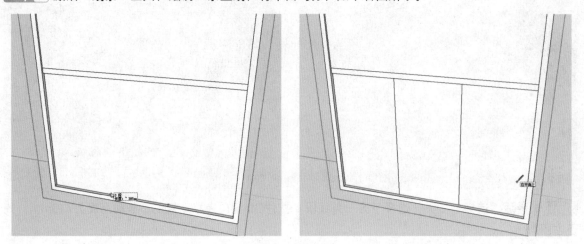

Step 11 激活"偏移"工具，将三个平面边线均向内偏移20mm，如下左图所示。

Step 12 再激活"推/拉"工具，向内推出10mm，如下右图所示。

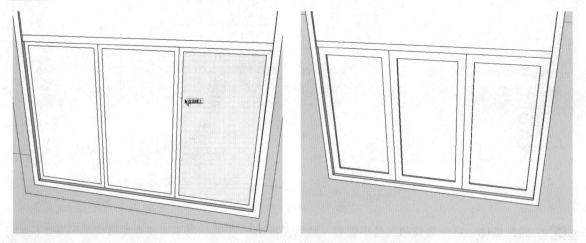

Step 13 将视角上移，激活"推/拉"工具，将鞋柜上方的面向内推出290mm，如下左图所示。

Step 14 激活"线条"工具，在上方位置捕捉中点绘制线段，如下右图所示。

Step 15 选择直线，激活"移动"工具，向左向右各移动复制一条线段，移动距离为5mm，如下左图所示。

Step 16 删除中间一条线段，并激活"推/拉"工具，将中间的面向内推出10mm，如下右图所示。

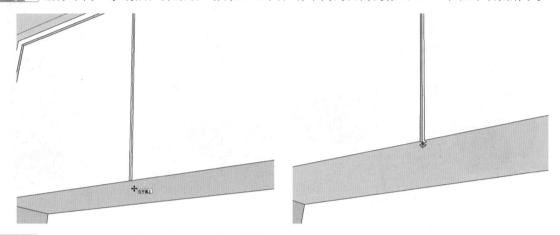

Step 17 为鞋柜模型添加把手，取消隐藏墙体等其他模型，如下左图所示。

Step 18 为鞋柜赋予木纹材质，如下右图所示。

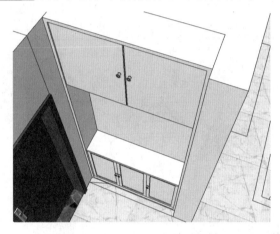
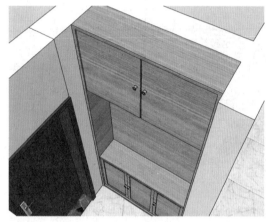

03 添加模型

接下来一步是为客餐厅进行布局，通过摆放室内家具来区分功能空间。操作步骤如下。

Step 01 执行"文件 > 导入"命令，打开"打开"对话框，选择需要的模型，如右图所示。

Step 02 将选择的沙发组合模型导入到当前场景中，可以看到模型尺寸偏大，如下左图所示。

Step 03 激活"拉伸"工具，调整沙发模型的比例大小，如下右图所示。

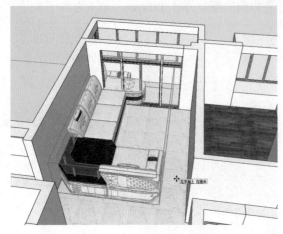 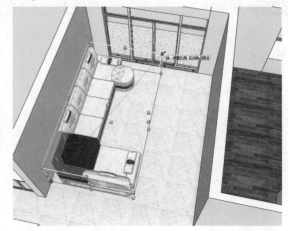

Step 04 照此操作步骤，分别导入其他的模型，如电视柜、装饰品等并调整比例大小，如下左图所示。

Step 05 为客厅区域及阳台区域墙面赋予材质，如下右图所示。

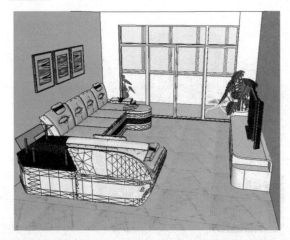 

Step 06 再为餐厅区域导入家具等模型并调整其比例大小，效果如下左图所示。

Step 07 为餐厅的墙面赋予材质，如下右图所示。

Section 04

制作卧室空间

卧室空间包括卧室、更衣室、主卫三个部分，其中床、桌椅、卫浴等可以直接导入模型，其他部分模型需要手动创建。

01 制作主卧

首先来看一下主卧及次卧的布局，如右图所示，可以看到左侧主卧含有主卫，右侧的次卧含有一个更衣室，主次卧中各有一个飘窗。下面进行细部的创建，操作步骤如下。

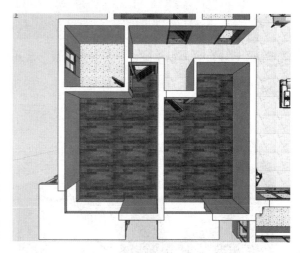

Step 01 激活"线条"工具，在主卧飘窗位置捕捉角点绘制一个平面。双击选择该平面，可以看得更加清晰，如下左图所示。

Step 02 将平面成组，双击进入编辑模式，将墙边的两条线段分别向外移动20mm，如下右图所示。

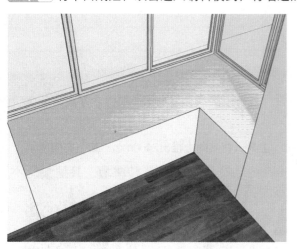

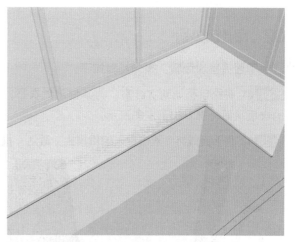

Step 03 激活"推/拉"工具，将平面推出20mm的高度，完成飘窗平台的创建，如下左图所示。

Step 04 同样创建次卧及书房中的飘窗平台，并为其赋予同地面相同的木地板材质，如下右图所示被选中的模型。

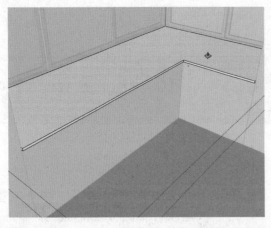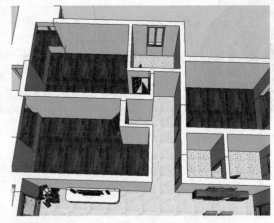

Step 05 将视口转回到主卧室，为其导入床、衣柜、卫浴等模型，效果如下左图所示。

Step 06 为主卧及主卫墙面赋予材质，如下右图所示。

02 制作次卧

下面完善次卧室，操作步骤如下。

Step 01 将视口移动到次卧室，为其创建更衣室。激活"线条"工具，沿地面绘制一个厚度为550mm的衣柜平面轮廓，如下左图所示。

Step 02 将平面成组，双击进入编辑模式，激活"推/拉"工具，将其向上推出2400mm，如下右图所示。

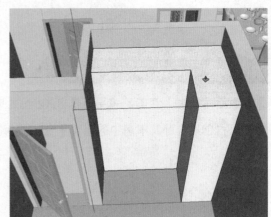

Step 03 再将朝外的一面向内推进40mm，留出推拉门的位置，如下左图所示。

Step 04 激活〝偏移〞工具，将衣柜的两个面的边线向内各偏移20mm，如下右图所示。

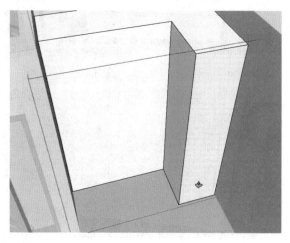 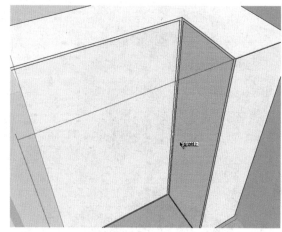

Step 05 激活〝移动〞工具，选择内侧的线段并向下移动复制，移动距离为450mm，如下左图所示。

Step 06 将复制出的线段再次向下移动复制，移动距离为20mm，如下右图所示。

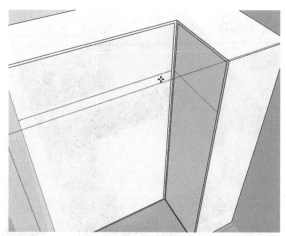 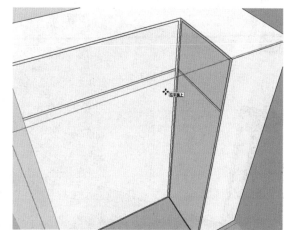

Step 07 激活〝推/拉〞工具，将面向内推出530mm，如下左图所示。

Step 08 继续将右侧的面向内推进，直到其与左侧壁板在一个面上，如下右图所示。

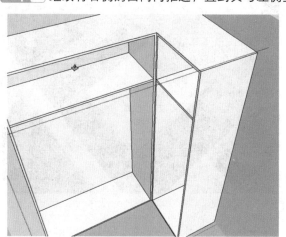 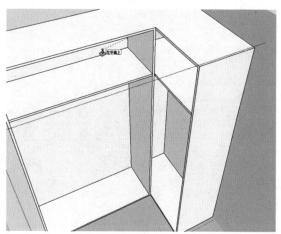

Step 09 为其赋予木纹材质，完成衣柜的绘制，如下左图所示。

Step 10 激活"线条"工具，在衣柜外侧绘制一个矩形面，如下右图所示。

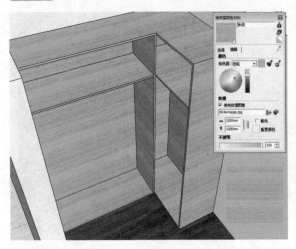 

Step 11 按照前面制作推拉窗的操作方法来创建一个推拉门，并为其赋予材质，如下左图所示。

Step 12 再为次卧室导入模型，如下右图所示。

Step 13 为次卧室墙面赋予材质，如右图所示。

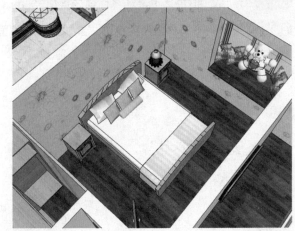

Section 05 制作厨房、次卫及书房

本案例是三居室空间，所以多出一个书房的制作，在其他的两居室或者单身公寓中就会简化该功能空间。场景中剩余的几个空间也有许多需要创建的模型，下面一一进行介绍。

01 制作厨房

首先来看一下厨房，这是一个长方形的空间，我们可以将橱柜做成L形，以便于空间利用，操作步骤如下。

Step 01 激活"线条"工具，捕捉交点绘制宽度为600mm的L型橱柜轮廓，如下左图所示。

Step 02 将面成组，双击进入到编辑模式，激活"推/拉"工具，将面向上推出800mm，如下右图所示。

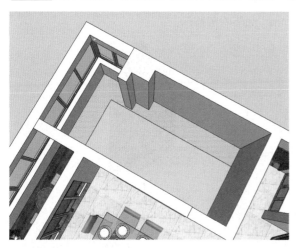
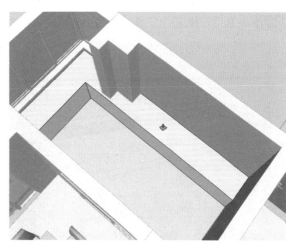

Step 03 隐藏其他模型，选择模型上方外侧的两条边，激活"偏移"工具，将其向内偏移15mm，如下左图所示。

Step 04 激活"推/拉"工具，向上推出100mm，如下右图所示，用来模仿橱柜台面的挡水。

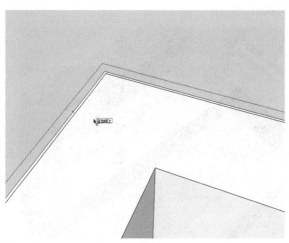
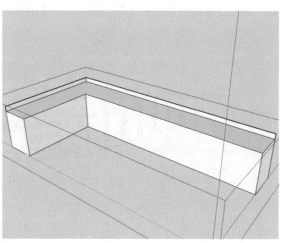

Step 05 再选择台面部分的两条边，向下移动复制，移动距离为15mm，如下左图所示。

Step 06 激活 "推/拉" 工具，将两个面分别向外推出15mm，如下右图所示。

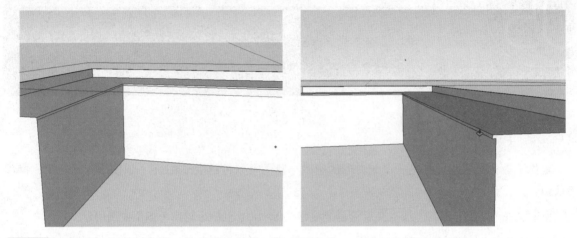

Step 07 选择底部的两条边线，向上移动复制，移动距离为100mm，如下左图所示。

Step 08 激活 "推/拉" 工具，将底边的面向内推进20mm，如下右图所示。

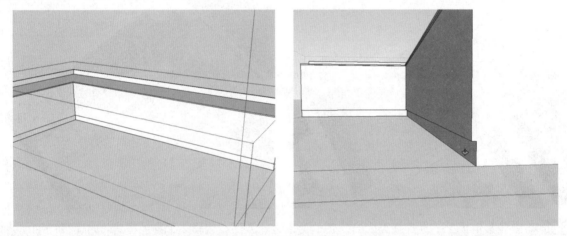

Step 09 利用前面介绍的制作门窗的操作方法，为橱柜制作出门及抽屉造型，如下左图所示。

Step 10 按照同样的操作方法创建吊柜，并为其赋予材质，效果如下右图所示。这里橱柜使用木纹材质，橱柜台面使用石英石贴图，橱柜踢脚使用不锈钢材质。

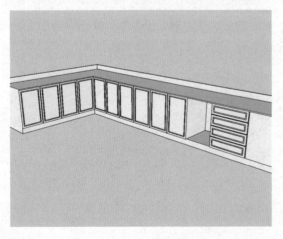 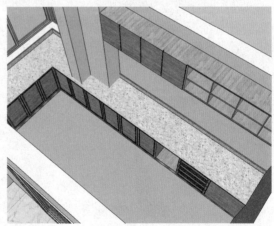

Step 11 为橱柜添加把手，如下左图所示。

Step 12 为厨房地面添加贴图，如下右图所示。

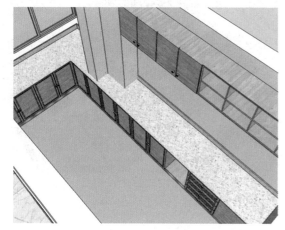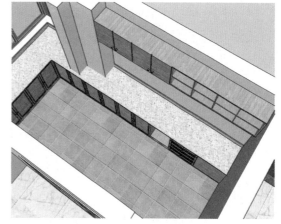

Step 13 为厨房添加厨具等模型，如下左图所示，这里可以看到导入的洗菜盆中露出了橱柜台面。

Step 14 隐藏洗菜盆，双击橱柜进入编辑模式，激活＂线条＂工具，在洗菜盆位置分割出一个 400mm×800mm的面，如下右图所示。

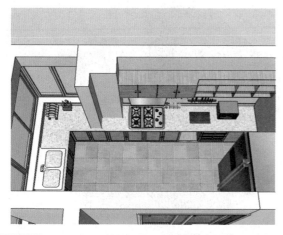

Step 15 激活＂推/拉＂工具，将面向下推出300mm，如下左图所示。

Step 16 取消隐藏洗菜盆，就可以看到如下右图所示的效果。

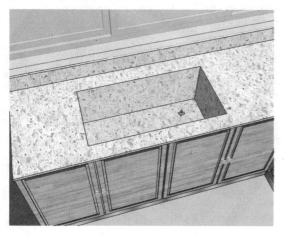

Step 17 为厨房墙面赋予材质，如右图所示。

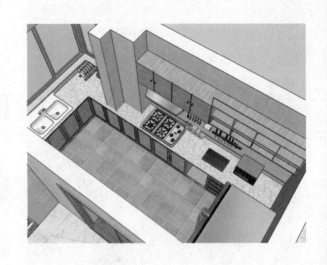

02 制作书房与次卫

案例中的书房与次卫都是可以直接导入模型的，这里简单做一下介绍。

Step 01 为书房导入书架、办公桌椅等模型，如下左图所示。

Step 02 为书房墙面赋予材质，如下右图所示。

Step 03 为次卫导入洗手台、洗衣机、马桶、淋浴等模型，适当调整位置，如下左图所示。

Step 04 为次卫墙面赋予材质，如下右图所示。

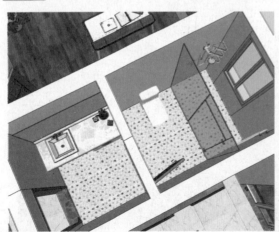

Section 06 完善最终户型图

各空间都创建完毕后，总会有些忽略的地方，这里来进行补充，如增加一些室内植物及装饰品等，增强空间层次感，使户型图更加逼真。

01 布置空间装饰物

Step 01 为卧室背景墙增加空调、地毯、装饰画、台灯、相框等物品模型，如下左图所示。

Step 02 将视口转到客厅，移动盆栽与沙发，为客厅增加空调、茶几、台灯等模型，如下右图所示。

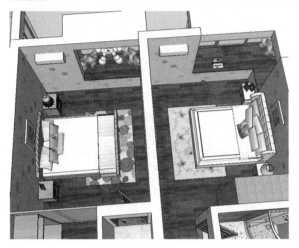
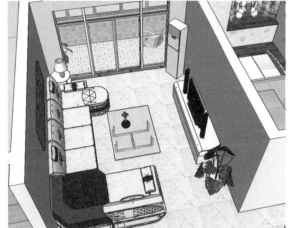

Step 03 模型创建的最终效果如右图所示。

02 标注功能空间

模型创建完毕后，接下来要为户型图进行文字标注，便于区分功能空间，操作步骤如下。

Step 01 为了便于视图旋转等操作，在"样式"工具栏中单击"单色"按钮，使场景以单色显示。激活"文本"工具，在客厅空间内单击鼠标并引出引线，拖动到墙体外侧，如下左图所示。

Step 02 修改文本内容并单击鼠标左键确定，如下右图所示。

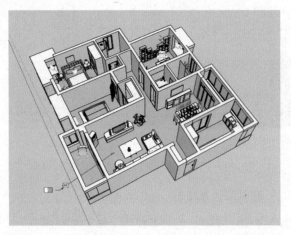

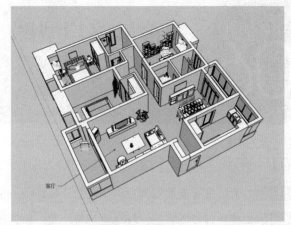

Step 03 重复该操作，为整个户型添加文本标注，如右图所示。

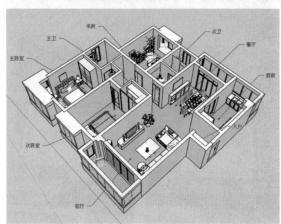

03 制作阴影效果

最后一步是为整个场景添加阴影，操作步骤如下。

Step 01 执行"窗口>阴影"命令，打开"阴影设置"面板，开启阴影显示，对日期及时间进行适当调整，如下左图所示。

Step 02 切换到"纹理贴图"显示类型，完成本案例的制作，如下右图所示。

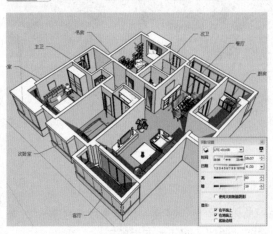

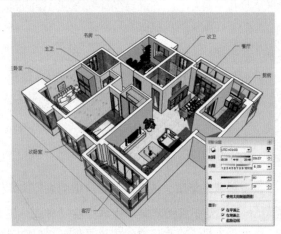

Chapter 07

别墅建筑模型设计

　　别墅建筑风格多样，本章中要创建的是一个荷兰风格的小别墅，整体造型较为独特。用户通过本章的学习，可以更进一步了解AutoCAD与SketchUp之间的互动，掌握SketchUp建模的技巧。

重点难点
- 建模前的准备工作
- 建筑轮廓模型的绘制
- 门窗模型的绘制
- 场景模型的完善

建模前的准备工作

就像在AutoCAD中需要一个良好的操作习惯一样，SketchUp建模也需要一个良好的习惯，这样对模型创建及显示速度都会有很大的帮助。施工图通常附带了大量的图块、标注、文字等信息，这些导入到SketchUp中后，会占用大量的资源，因此在正式建模之前应该先对文件进行简化整理。

01 在AutoCAD中简化图样

成套的AutoCAD图纸包括平面图、立面图、节点图及大样图等，一般情况下，节点图和大样图不导入SketchUp，只用于数据的读取和结构的参考。下面来对AutoCAD图纸进行简化整理。

Step 01 启动AutoCAD程序，打开需要的AutoCAD文件，如下左图所示。

Step 02 删除图形中的标注、文字、节点图、大样图等，并将所有图形统一到同一图层中，再清理冗余文件，如下右图所示。

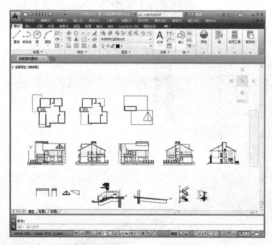
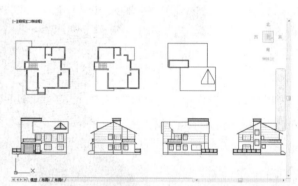

Step 03 选择并复制南立面图，创建一个空白的AutoCAD文档，粘贴并保存，在这里对立面图进行进一步的简化清理，如下左图所示。

Step 04 通过相同的方法整理其他立面图及平面图，并分开保存，如下右图及下页四张图所示。

南立面　　　　　　　　　　　　　　　　东立面

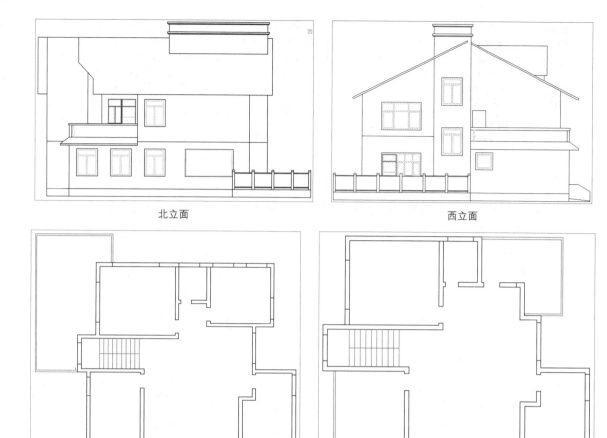

北立面   西立面

一层平面   二层平面

知识链接

　　AutoCAD文件中会有很多嵌附的图形文件，凡是用过的图块都会被保存在一个数据库中，如果不做清理的话，就会随着DWG文件一起导入到SketchUp中，从而影响文件大小。

02　导入AutoCAD文件

　　在AutoCAD中将建筑图纸整理好之后，即可将其分别导入到SketchUp中，进行模型的初步创建。操作步骤如下。

`Step 01` 打开SketchUp程序，执行"窗口＞模型信息"命令，打开"模型信息"对话框，设置模型单位等，如下左图所示。

`Step 02` 执行"文件＞导入"命令，打开"打开"对话框，设置文件类型为AutoCAD文件，并选择需要的AutoCAD文件，如下右图所示。

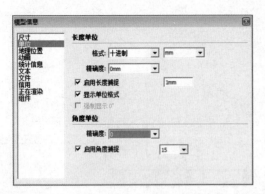 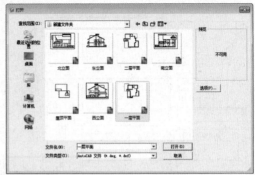

Step 03 单击"选项"按钮，打开"导入AutoCAD DWG/DXF选项"对话框，勾选相关复选框并设置比例单位等，如下左图所示。

Step 04 设置完毕后即可将AutoCAD图纸导入到SketchUp中，如下右图所示。

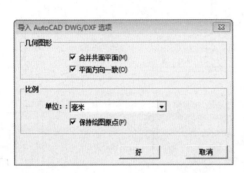 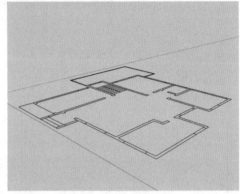

🔄 **知识链接**

设置比例单位为"毫米"是为了保证导入SketchUp的AutoCAD文件与AutoCAD中的图纸比例为1:1。AutoCAD中图纸单位为米时，导入单位也应该是米，这样在创建模型时就可以保证由平面生成立体时，高度可以按照实际尺寸来拉伸。

Step 05 激活"线条"工具，根据导入的平面图形勾画出一层墙体轮廓，如下左图所示。

Step 06 选择墙体轮廓图形，将其成组，如下右图所示。

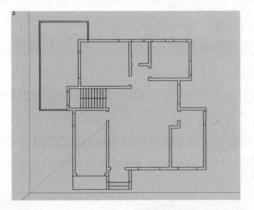 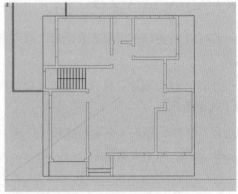

Step 07 继续导入南立面图，可以看到新导入的图形已经自动成组，如下左图所示。

Step 08 激活"旋转"工具，将立面图旋转对齐至Z轴，如下右图所示。

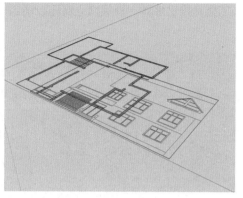 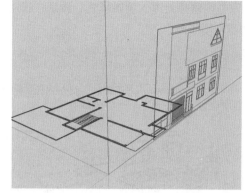

Step 09 激活"移动"工具，移动南立面图与一层平面图对齐，如下左图所示。

Step 10 按照上述操作步骤，将其他平面图及立面图依次导入，并对齐到一层平面图，如下右图所示。

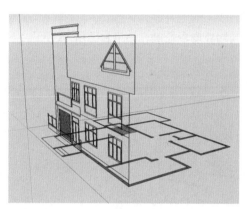 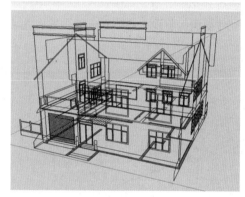

🔄 **知识链接**

在"样式"对话框中将"轮廓"、"延长"、"端点"复选框进行取消选择。此项操作是为了保证导入的文件线条变成细线，以便于更精确地建模。

Section 02 制作建筑轮廓模型

本次建模的主要思路是通过平面布局图与立面图的结合创建出建筑的轮廓，从而提高模型创建的效率。

01 制作一层墙体模型

下面进行墙体轮廓的创建。由于导入的施工图较多，制作模型时会有一些影响，用户可根据需要进行施工图的隐藏和显示。操作步骤如下。

Step 01 制作墙体。首先隐藏东、北、西各立面及二层平面，如下左图所示。

Step 02 双击墙体框架进入编辑模式，激活〝推/拉〞工具，推出墙体，捕捉南立面图以确定一层墙体高度，如下右图所示。

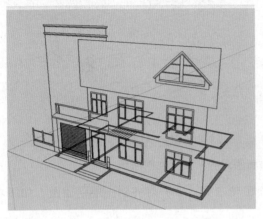
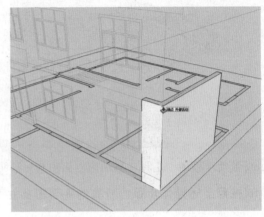

Step 03 照此步骤推出其他区域的墙体，仅留出门洞，如下左图所示。

Step 04 制作窗洞。将视口移动到南墙，捕捉立面图绘制处窗户轮廓，如下右图所示。

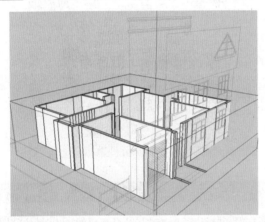
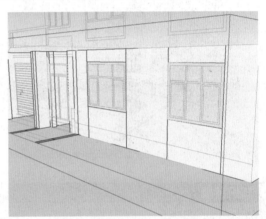

Step 05 激活〝推/拉〞工具，将窗户部分向内推出240mm，创建出窗户轮廓，再删除多余线条，效果如下左图所示。

Step 06 制作门洞。选择入户门洞底部线条，激活〝移动〞工具，按住Ctrl键不放，向上捕捉门洞顶点进行移动复制，如下右图所示。

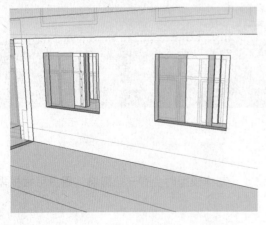
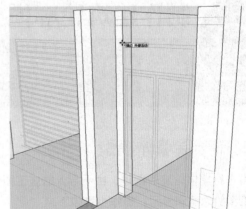

Step 07 激活"推/拉"工具，封闭门洞上方墙体，如下左图所示。

Step 08 同样制作出车库门门洞，如下右图所示。

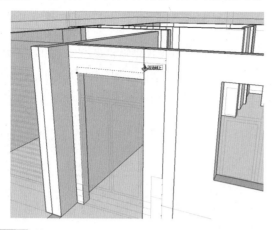 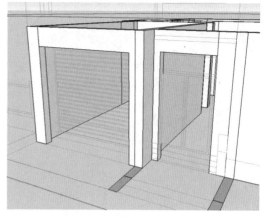

Step 09 按照上述操作步骤制作完成其他位置的窗洞和门洞，如下左图所示。

Step 10 制作台阶、平台。将视口转到南墙，激活"线条"工具，绘制出入户台阶的轮廓并成组，如下右图所示。

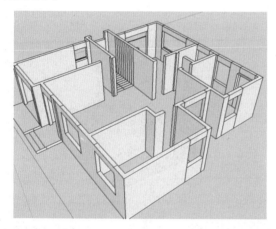 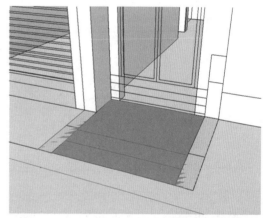

🔄 **知识链接**

本案例主要是制作别墅外观效果，因此室内门洞在这里忽略不计。

Step 11 双击进入编辑模式，激活"推/拉"工具，捕捉立面图推出台阶高度，如右图所示。

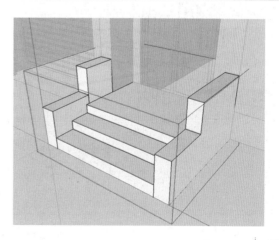

Step 12 激活"线条"工具，绘制斜线，形成斜面，如下左图所示。

Step 13 激活"线条"工具，绘制车库入口处斜坡轮廓，如下右图所示。

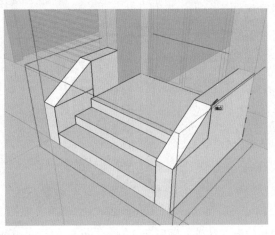 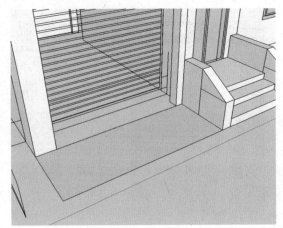

Step 14 选择平面并成组，双击进入编辑模式，激活"推/拉"工具，捕捉立面图向上推出，如下左图所示。

Step 15 激活"移动"工具，捕捉延长点向下移动线段，形成斜坡，如下右图所示。

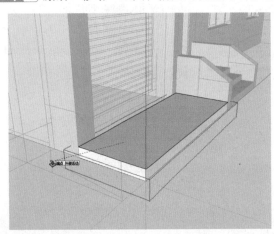 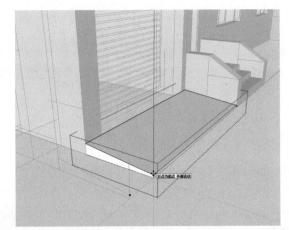

Step 16 利用"线条"与"推/拉"工具制作出西墙的平台，如下左图所示。

Step 17 清理墙体上多余的线条，如下右图所示。

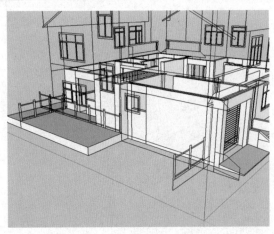 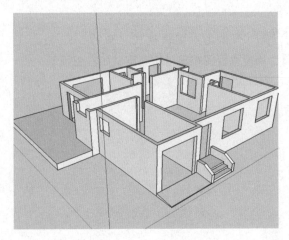

Step 18 制作地面。激活"线条"工具，捕捉墙体底部，绘制平面，将车库与室内隔为两个平面，如下左图所示。

Step 19 将平面成组，双击进入编辑模式，激活"推/拉"工具，将车库与室内地面分别推出，完成一层基本模型的创建，如下右图所示。

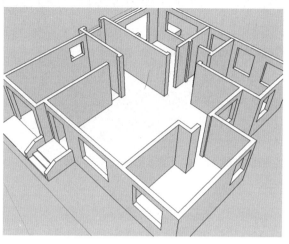 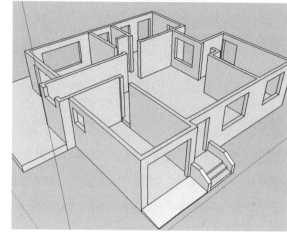

02 制作二层墙体模型

一二层墙体轮廓不尽相同，因此需要单独制作。一层模型已经创建完毕，下面即可根据二层平面图制作二层模型。操作步骤如下。

Step 01 将一层模型隐藏，仅留下二层平面图及立面图，如下左图所示。

Step 02 双击二层平面图进入编辑模式，激活"线条"工具，勾画出二层墙体轮廓，如下右图所示。

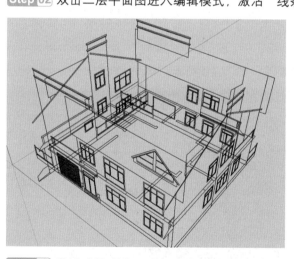 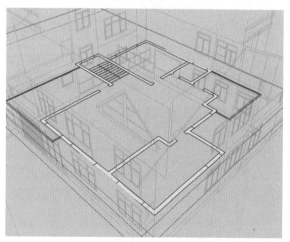

Step 03 激活"推/拉"工具，捕捉捕捉立面图墙体最高点推出墙体，如下左图所示。

Step 04 同样推出其他墙体，如下右图所示。

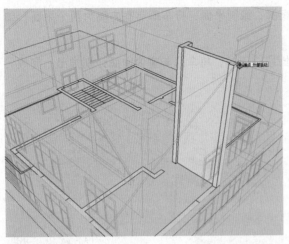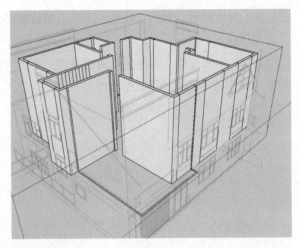

Step 05 制作窗洞。激活"线条"工具，捕捉立面图绘制窗户轮廓，如下左图所示。

Step 06 激活"推/拉"工具，推出窗洞，如下右图所示。

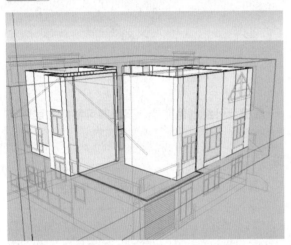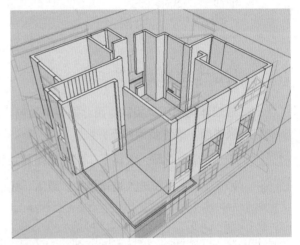

Step 07 激活"线条"工具，捕捉立面图绘制门洞轮廓线，如下左图所示。

Step 08 激活"推/拉"工具，推出门洞上方墙体，如下右图所示，再制作其他门洞。

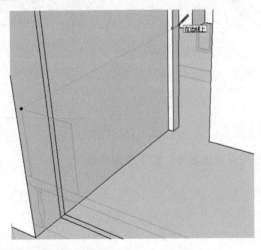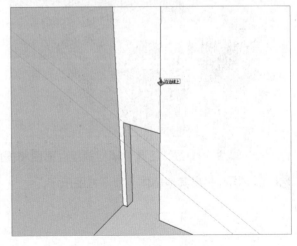

Step 09 清除多余的线条，如下左图所示。

Step 10 激活"线条"工具，捕捉立面图，绘制出屋顶斜坡的轮廓，如下右图所示。

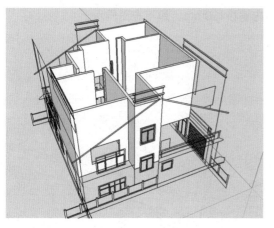
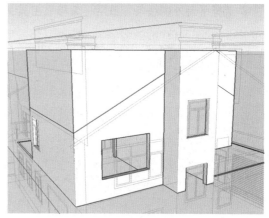

Step 11 激活"推/拉"工具，沿斜线推出屋顶坡度，如下左图所示。可以看到推拉到室内墙体时，就无法继续推拉。

Step 12 激活"线条"工具，沿斜线的延长线继续绘制屋顶坡度，如下右图所示。

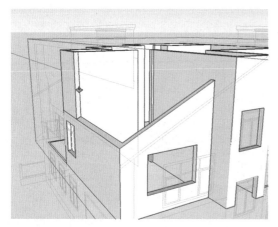
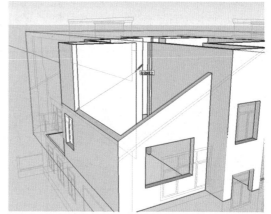

Step 13 再次激活"推/拉"工具，推拉墙体，按照此操作步骤完成除过道墙体外的屋顶坡度的制作，如下左图所示。

Step 14 制作地面及平台。隐藏立面图，激活"线条"工具，捕捉绘制除楼梯道外的二层地面平面，如下右图所示。

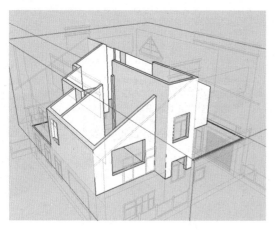
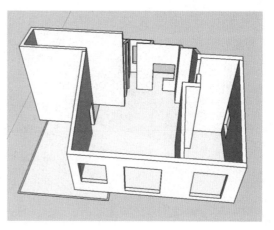

Step 15 将平面成组，双击进入编辑模式，激活"推/拉"工具，将平面向下推出420mm，如下左图所示。

Step 16 选择平台外侧线条，激活"偏移"工具，向内偏移150mm，如下右图所示。

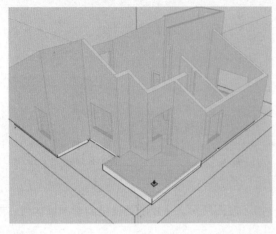 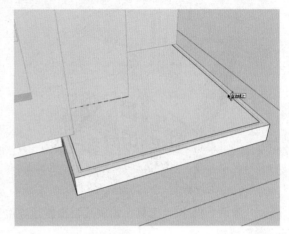

Step 17 激活"推/拉"工具，向上推出地台高度200mm，如下左图所示。

Step 18 再将地台三周向外推出600mm，如下右图所示。

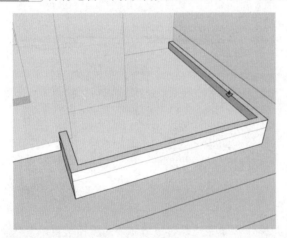 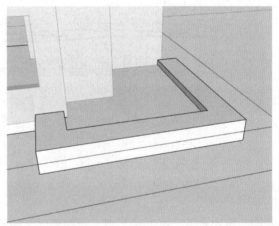

Step 19 选择地台底部三周的边线，激活"移动"工具，按住Ctrl键不放向上移动复制，移动距离为100mm，如下左图所示。

Step 20 选择边线，激活"移动"工具，沿轴线向内移动600mm，如下右图所示。

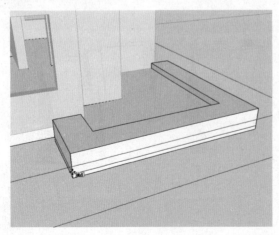 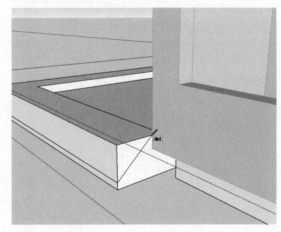

Step 21 同样移动其他两侧边线，完成地台及瓦当造型的制作，如下左图所示。

Step 22 使用同样的方法制作另一处地台，如下右图所示。

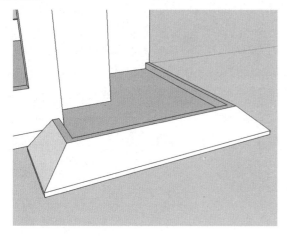 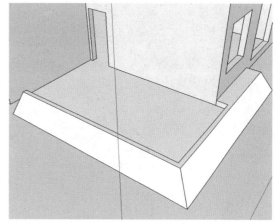

Step 23 选择边线，激活"移动"工具，按住Ctrl键向左侧移动复制，移动距离为2790mm，如下左图所示。

Step 24 激活"线条"工具，捕捉延长点绘制瓦当斜坡，如下右图所示。

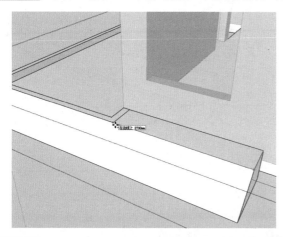 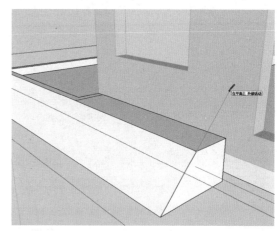

Step 25 完成瓦当的绘制，并删除多余线条，如下左图所示。

Step 26 制作楼梯道天井，取消隐藏南立面图与西立面图，如下右图所示。

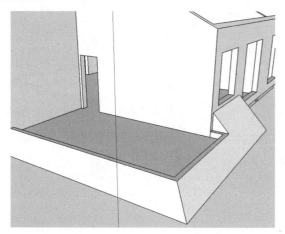 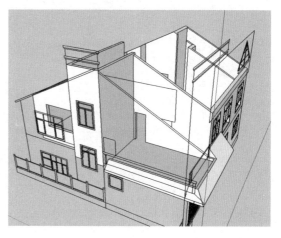

Step 27 双击二层模型进入编辑模式，激活"推/拉"工具，捕捉立面图推出天井高度，如下左图所示。

Step 28 激活"线条"工具，绘制线段，如下右图所示。

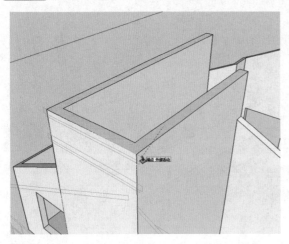 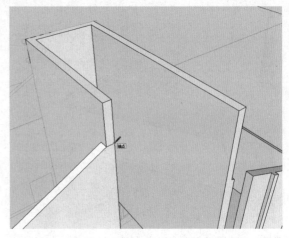

Step 29 激活"推/拉"工具，推出墙体使其与另一侧墙体对齐，如下左图所示。

Step 30 选择一条边线，向右移动复制，移动距离为240mm，如下右图所示。

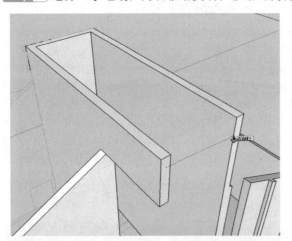 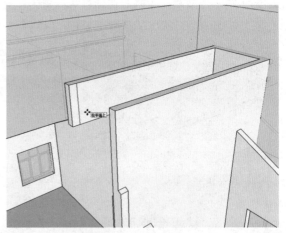

Step 31 激活"推/拉"工具，推出墙体，并删除多余线条，如下左图所示。

Step 32 选择天井顶部边线，捕捉立面图向下移动复制，如下右图所示。

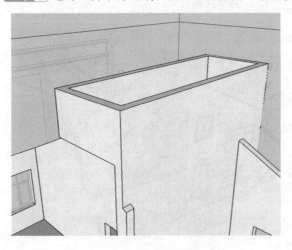 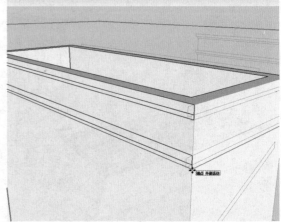

Step 33 激活"推/拉"工具，捕捉立面图向外推出，完成楼梯道天井的制作，再删除多余的线条，如下左图所示。

Step 34 取消隐藏一层模型，如下右图所示。

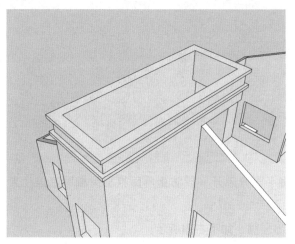
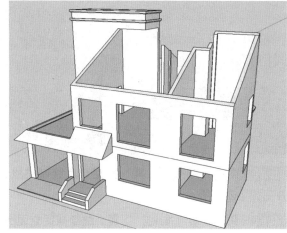

03 制作屋檐及天窗

别墅已经初具雏形，接下来就需要制作屋檐及天窗模型。屋檐南北两面造型及长度都不同，用户在制作时需要依据立面图中的尺寸制作。操作步骤如下。

Step 01 取消隐藏立面图，激活"线条"工具，捕捉东立面图绘制南面的侧立面，如下左图所示。

Step 02 选择立面并成组，双击进入编辑模式，激活"推/拉"工具，捕捉立面图将屋檐向右推出，如下右图所示。

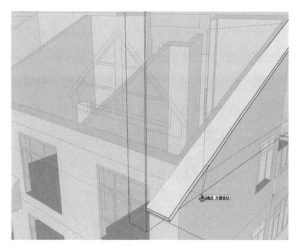

Step 03 再向左进行推出，如下左图所示。

Step 04 将视口转到另一侧，同样制作该侧屋檐，该侧屋檐造型较为独特，因此需分步制作，如下右图所示。

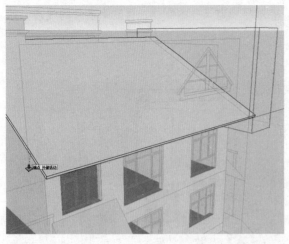 

Step 05 激活 "线条" 工具，捕捉角点绘制线段，将平面分隔开，以防止后面推出屋檐时遮盖住天井，如下左图所示。

Step 06 再次激活 "推/拉" 工具，继续捕捉立面图推出屋檐，如下右图所示。

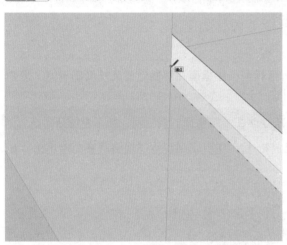 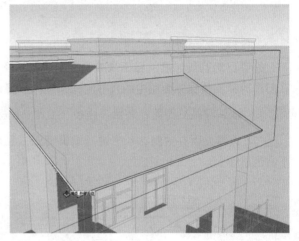

Step 07 激活 "卷尺" 工具，捕捉立面图绘制辅助线，如下左图所示。

Step 08 激活 "线条" 工具，根据辅助线绘制直线分割平面，如下右图所示。

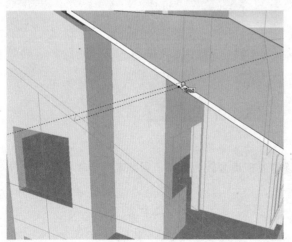 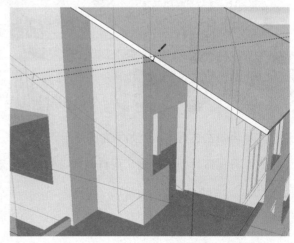

Step 09 照此步骤绘制另一条线段分割平面，如下左图所示。

Step 10 激活"推/拉"工具，捕捉立面图继续推出屋檐，如下右图所示。

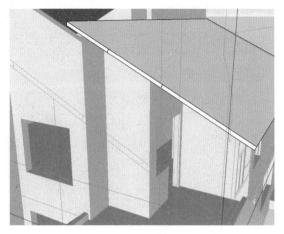 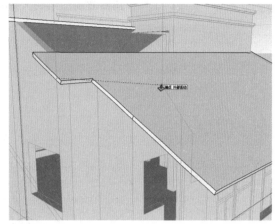

Step 11 选择边线，激活"移动"工具，向左侧激动至角点，如下左图所示。

Step 12 将视口转到屋檐与天井相交处，激活"线条"工具，捕捉交点绘制平面，如下右图所示。

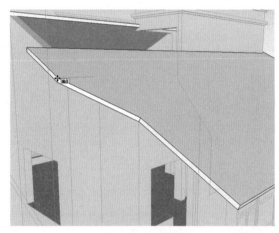 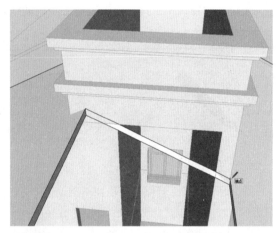

Step 13 激活"推/拉"工具，将平面向外推出，如下左图所示，可以看到天井处墙体有缺口。

Step 14 删除多余线条，退出屋檐编辑模式，双击天井进入编辑模式，激活"推/拉"工具，将该侧墙体向下推出，如下右图所示。

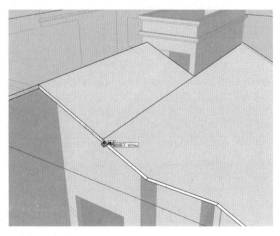 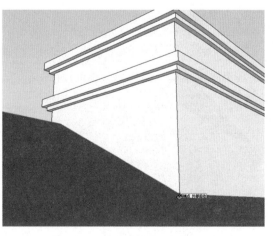

Step 15 制作天窗。退出天井编辑模式，将视口转到南墙，激活"移动"工具，移动立面图位置，使立面图中的天窗相交，如下左图所示。

Step 16 激活"线条"工具，捕捉立面图绘制天窗屋檐平面，如下右图所示。

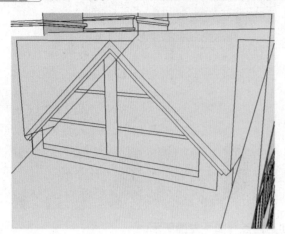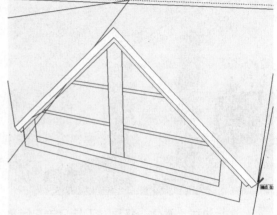

Step 17 将平面成组，双击进入编辑模式，激活"推/拉"工具，捕捉立面图推出，如下左图所示。

Step 18 激活"卷尺"工具，捕捉屋檐绘制辅助线，如下右图所示。

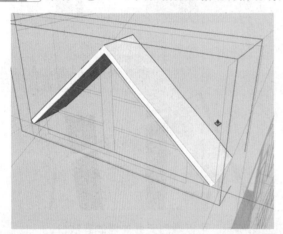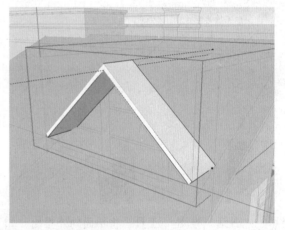

Step 19 激活"线条"工具，沿辅助线绘制天窗屋檐，如下左图所示。

Step 20 删除多余线条，如下右图所示。

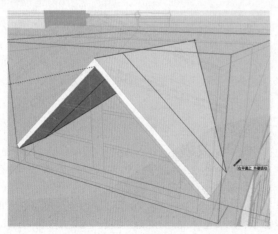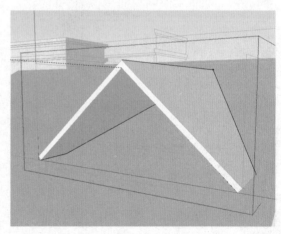

Step 21 按照上述操作步骤绘制二级屋檐，如下左图所示。

Step 22 激活"选择"工具，将二级屋檐向内移动50mm，如下右图所示。

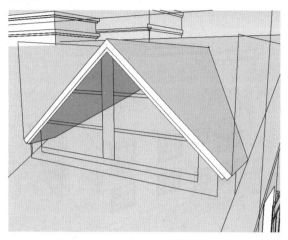 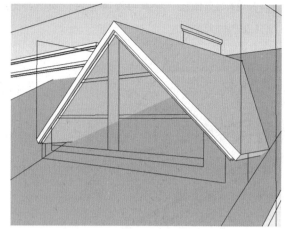

Step 23 激活"线条"工具，捕捉立面图绘制窗框并成组，如下左图所示。

Step 24 双击进入编辑模式，分别向内推出窗框厚度，如下右图所示。

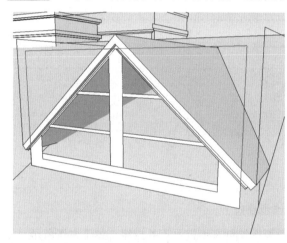 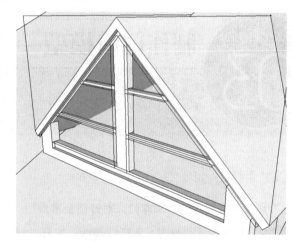

Step 25 激活"移动"工具，将窗框向内移动200mm，如下左图所示。

Step 26 激活"线条"工具，捕捉窗框绘制玻璃平面，并成组，如下右图所示。

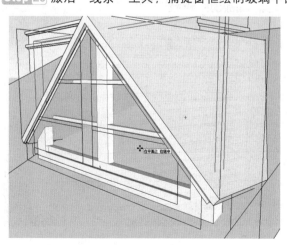 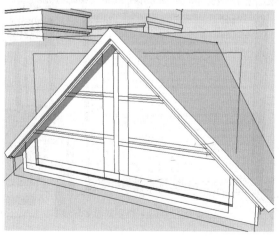

Step 27 双击进入编辑模式，激活"推/拉"工具，推出玻璃厚度10mm，再退出编辑模式，激活"移动"工具，将玻璃向内移动20mm，如下左图所示。

Step 28 移动立面图，使其与外墙重合，如下右图所示。

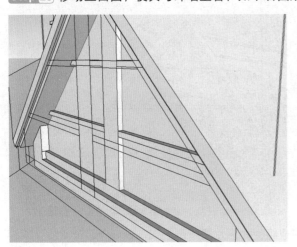 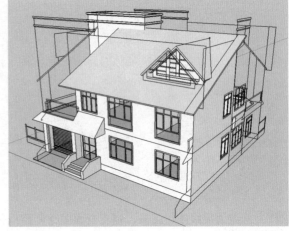

制作门窗模型

Section 03

本案例中的门窗模型较多，造型大致是一样的，这里需要用户手动绘制。下面详细介绍制作方法。

01 制作门模型

场景中有三种门，车库门、对开门及单扇门。操作步骤如下。

Step 01 制作车库门模型。激活"线条"工具，捕捉立面图绘制车库门平面并成组，如下左图所示。

Step 02 双击进入编辑模式，激活"推/拉"工具，推出车库门的凹凸造型，如下右图所示。

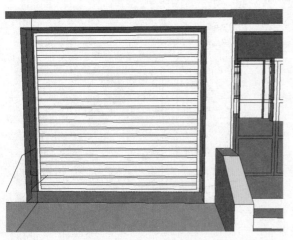 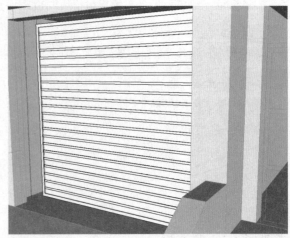

Step 03 激活〝移动〞工具，将车库门移动到门洞处，如下左图所示。

Step 04 将视口移动到入户门处，激活〝线条〞工具，捕捉绘制入户门轮廓并成组，如下右图所示。

Step 05 双击进入编辑模式，选择门中线，激活〝移动〞工具，将其向左右各移动复制5mm，如下左图所示。

Step 06 删除中线，如下右图所示。

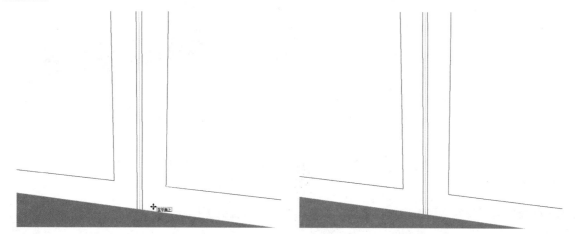

Step 07 激活〝推/拉〞工具，将门框平面向外推出60mm和40mm，如下左图所示。

Step 08 退出编辑模式，选择对开门，激活〝移动〞工具，将其移动到门洞外10mm，如下右图所示。

Step 09 将视口移动到西墙，按照上述操作步骤，捕捉立面图制作单开门的模型，如下图所示。

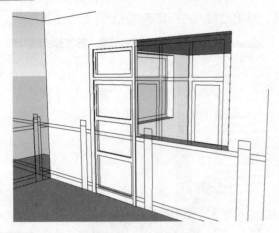

Step 10 再制作二楼门扇，如右图所示。

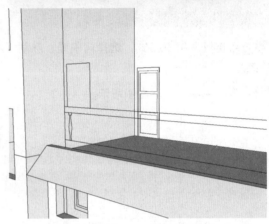

02　制作窗模型

　　窗户的制作方法与门扇大体上相同，场景中还有许多尺寸相同的窗户，可以直接进行复制。操作步骤如下。

Step 01 将视口移动到南墙窗户处，激活"线条"工具，捕捉立面图绘制窗户轮廓并成组，如下左图所示。

Step 02 双击进入编辑模式，激活"推/拉"工具，向外推出窗框厚度40mm，窗扇厚度20mm，如下右图所示。

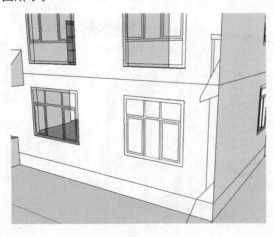

Step 03 退出编辑模式，激活"移动"工具，移动窗户位置，如下左图所示。

Step 04 照此操作步骤，绘制南墙其他窗户，如下右图所示。

 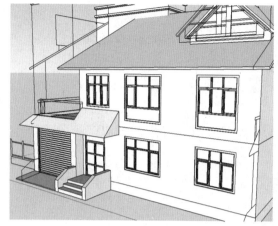

Step 05 将视口移动到西墙，楼梯道处的窗户造型与前面制作的有所不同。激活"移动"工具，移动立面图与外墙对齐，如下左图所示。

Step 06 激活"线条"工具，捕捉立面图绘制窗户轮廓并成组，如下右图所示。

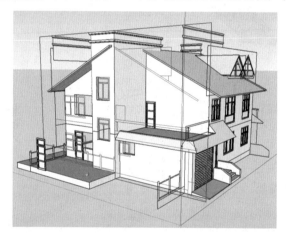 

Step 07 双击进入编辑模式，激活"推/拉"工具，推出窗框厚度60mm，如下左图所示。

Step 08 再推出上方内窗框厚度40mm，如下右图所示。

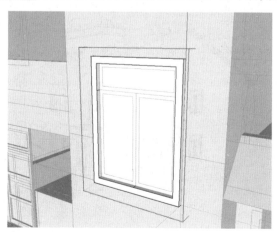 

Step 09 推出左侧窗扇厚度20mm，如下左图所示。

Step 10 将右侧窗玻璃向内推进40mm，窗扇向内推进20mm，如下右图所示。

Step 11 激活"移动"工具，将制作好的窗户模型移动到窗洞内，如下左图所示。

Step 12 按住Ctrl键，向上移动复制窗户，如下右图所示。

 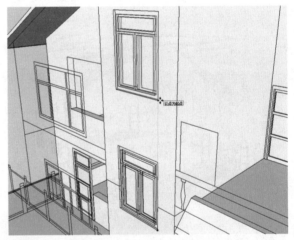

Step 13 按照上面的操作步骤制作其他位置的窗户，如下图所示。

 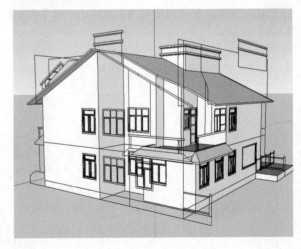

Section 04 制作栏杆模型

下面介绍制作栏杆模型的方法与步骤。

本场景中有两种造型的木质栏杆，操作步骤如下。

Step 01 移动立面图对齐到栏杆位置，如下左图所示。

Step 02 激活"线条"工具，捕捉立面图绘制栏杆轮廓并成组，如下右图所示。

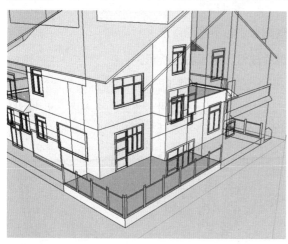
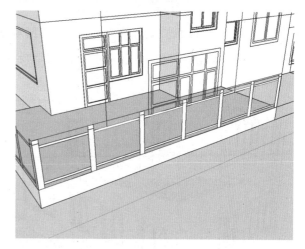

Step 03 双击进入编辑模式，激活"推/拉"工具，推出栏杆支柱厚度150mm，如下左图所示。

Step 04 再推出横栏杆厚度80mm，如下右图所示。

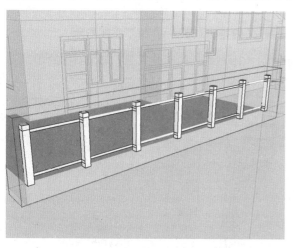
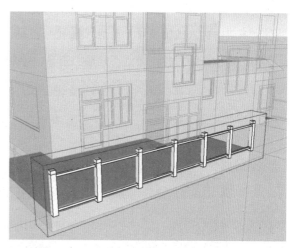

Step 05 激活"移动"工具，移动栏杆到平台上，如下左图所示。

Step 06 照此步骤绘制完成一层栏杆模型，如下右图所示。

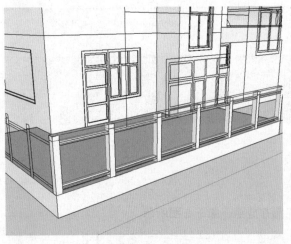
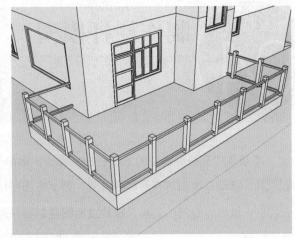

Step 07 将视口移动到二楼阳台处，移动立面图对齐到阳台，如下左图所示。

Step 08 激活"线条"工具，捕捉立面图绘制栏杆轮廓并成组，如下右图所示。

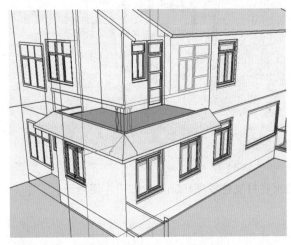
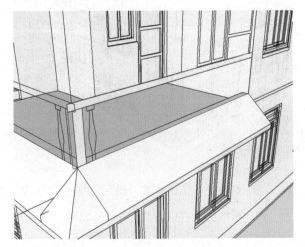

Step 09 双击进入编辑模式，激活"推/拉"工具，将栏杆向内推出150mm，如下左图所示。

Step 10 制作造型立柱。激活"矩形"工具，绘制150mm×150mm的矩形并成组，如下右图所示。

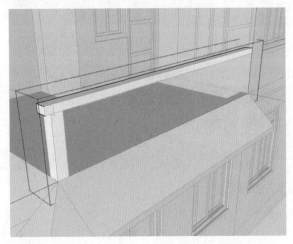
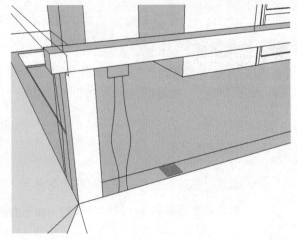

Step 11 隐藏建筑模型，双击矩形进入编辑模式，激活"推/拉"工具，向上推出780mm，如下左图所示。

Step 12 利用"线条"与"圆弧"工具,在侧面绘制造型立柱轮廓,如下右图所示。

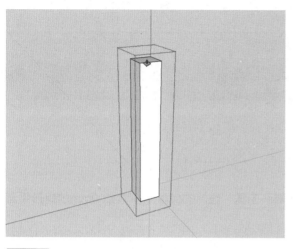
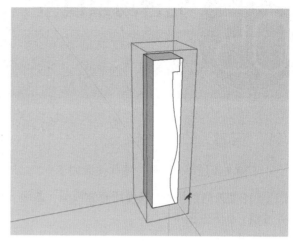

Step 13 激活"跟随路径"工具,跟随顶面边线捕捉一周,完成造型立柱的制作,如下左图所示。

Step 14 取消隐藏建筑模型,调整立柱位置并进行移动复制,如下右图所示。

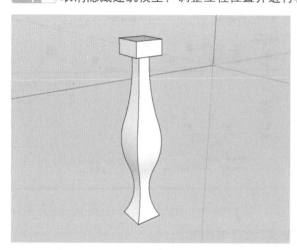
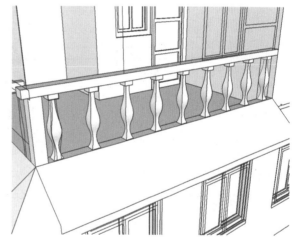

Step 15 按照上述操作步骤,完成本阳台的栏杆制作,如下左图所示。

Step 16 再制作二层另一处阳台的栏杆,至此完成别墅模型的创建,如下右图所示。

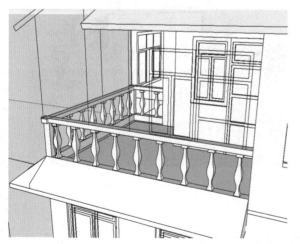
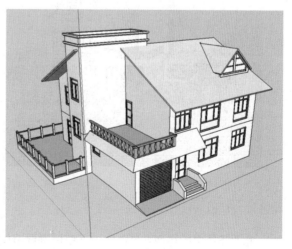

完善场景模型

别墅模型创建完毕后,接下来就需要布局室外装饰,如添加室外地面、室外装饰、天空背景灯等,以完善场景。

01 布置室外场景

下面来添加室外场景,操作步骤如下。

Step 01 切换到顶视图,隐藏所有立面图,激活"矩形"工具,绘制60000mm × 60000mm的矩形平面并成组,如下左图所示。

Step 02 执行"文件 > 导入"命令,打开"打开"对话框,选择需要的文件,如下右图所示。

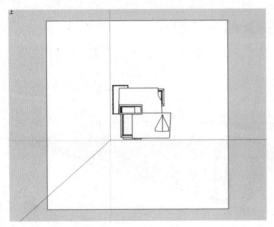
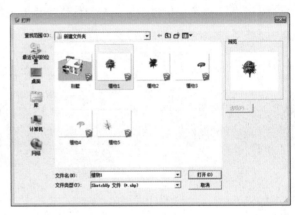

Step 03 导入植物模型,调整位置,如下左图所示。

Step 04 按此再导入其他植物模型,进行复制并调整位置,如下右图所示。

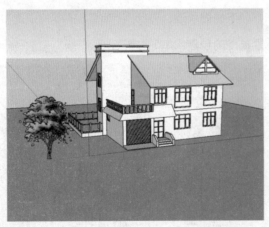

02 添加贴图

此时场景中的模型是单色的,下面就需要为模型添加贴图,使场景更加真实。操作步骤如下。

Step 01 激活"颜料桶"工具，打开"使用层颜色材料"面板，选择"植被"中的"人工草皮植被"材质，如下左图所示。

Step 02 将材质赋予到室外地面，如下右图所示。

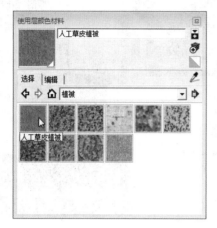
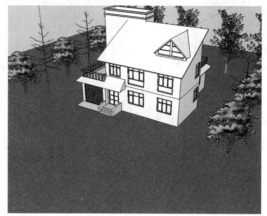

Step 03 进入"编辑"面板，重新设置贴图尺寸，可以看到场景中室外地面的贴图效果发生改变，如下左图所示。

Step 04 创建"屋顶"材质，将材质赋予到对象，如下右图所示。

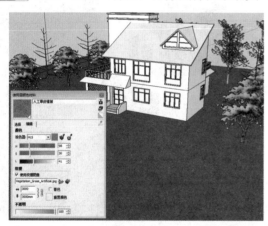
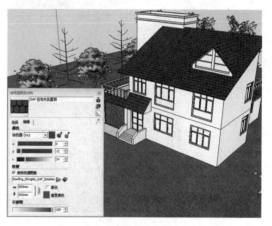

Step 05 创建"外墙墙板"材质，为二层除楼梯道外的墙体赋予材质，如下左图所示。

Step 06 创建"墙砖"材质，为一层除楼梯道外的墙体赋予材质，如下右图所示。

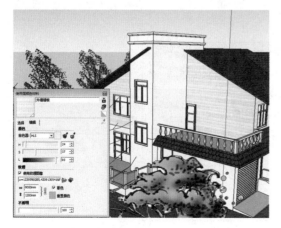
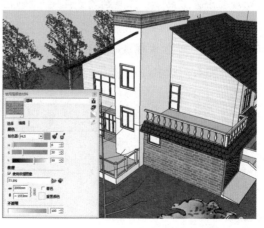

Step 07 创建"木地板"材质，为一层及二层的室外平台地面赋予材质，如下左图所示。

Step 08 创建"玻璃"材质，为场景中的窗户赋予材质，如下右图所示。

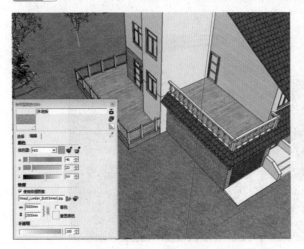 

Step 09 创建"混凝土"材质，为入户及车库门前地面赋予材质，如下左图所示。

Step 10 创建"象牙白"材质，为楼梯道墙体及门、窗台、栏杆等赋予材质，如下右图所示。

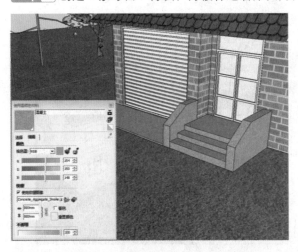 

03 制作阴影效果

　　材质赋予完成后，可以看到场景效果已经较为真实，下面来为场景添加天空背景及阴影效果。操作步骤如下。

Step 01 执行"窗口>样式"命令，打开"样
式"面板，如右图所示。

Step 02 切换到“编辑”面板，打开“背景设置”选项板，设置天空颜色为蓝色，可以看到场景中的天空效果发生了变化，如下左图所示。

Step 03 执行“窗口＞阴影”命令，打开“阴影设置”面板，如下右图所示。

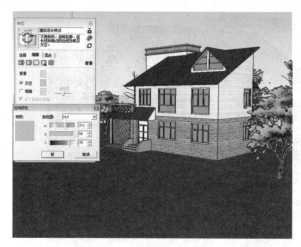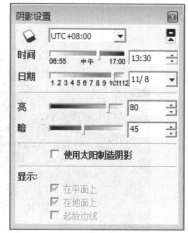

Step 04 激活“显示/隐藏阴影”按钮，可以看到场景中有了阴影效果，如下图所示。

Step 05 拖动滑块调整时间、日期及明暗度，场景中的阴影效果发生了改变，如下图所示。

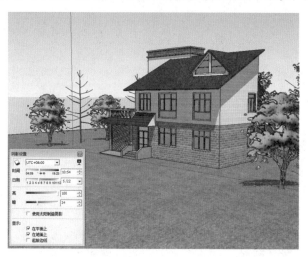

Step 06 最后对场景中的模型进行适当的调整，完成本次案例的制作，最终效果如下图所示。

Chapter 08

住宅区规划设计

住宅区规划设计在城市规划设计中占有十分重要的地位，它集建筑设计与景观设计于一体，合理利用周围的环境体现出地方特点，最大限度地体现居住地本身的底蕴。本规划设计中采用的是周边式布局方式，小区四周分散设置了出口，主景观为中心水区，依水达到了良好的景观效果。

重点难点

- 图纸的导入
- 整体模型的的制作
- 场景布局的完善
- 场景效果的完善

Section
01

整理并导入 AutoCAD 图纸

在使用SketchUp对小区进行规划设计前，一定要先对AutoCAD文件进行优化加工，使其能够更好地应用于SketchUp。

01 分析AutoCAD平面图

本案例的规划图面积较大，因此在使用SktchUp进行建模前，需要对规划图纸进行详细的了解，分析AutoCAD图纸尤为重要。

仔细观察图纸，可以看到整体规划图分为了小区住宅区、水景景观区、活动中心、售楼处四个主要部分，如下图所示。

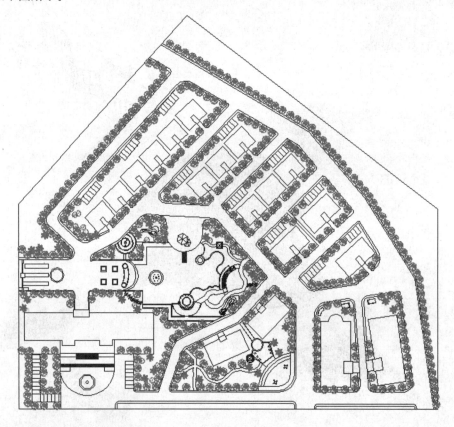

02 简化AutoCAD图纸

通过对图纸的分析，用户对小区的构建有了一定的认识。但是图纸中的图元过于复杂，会给后面的模型创建带来不必要的麻烦，这里就需要用户将图纸进行简化，仅留下基础图形。操作步骤如下。

Step 01 在AutoCAD中打开小区规划图纸，如下左图所示。

Step 02 执行"格式 > 图层"命令，打开"图层特性管理器"，依次关闭辅助图层，如下右图所示。

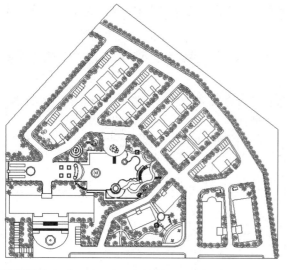

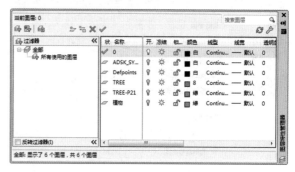

Step 03 仅留下规划图中的基础平面，如下左图所示。

Step 04 在命令行输入"pu"命令，打开"清理"对话框，如下右图所示。

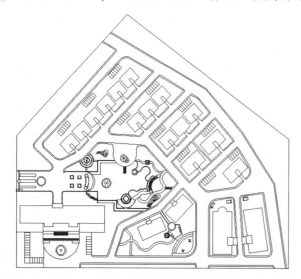

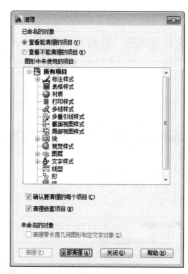

Step 05 单击"全部清理"按钮，打开"清理-确认清理"对话框，单击"清理所有项目"按钮；如右图所示，清理完毕后，关闭"清理"对话框。

Step 06 复制当前图层上的所有文件，再创建新的AutoCAD文档，粘贴并保存。

03 导入AutoCAD图纸

　　将处理好的AutoCAD文件导入到SktchUp中，即可利用SketchUp软件将平面图形立体化，进行更加直观的规划设计。操作步骤如下。

Step 01 启动SketchUp，创建名为"小区规划"的SK文件，执行"窗口＞模型信息"命令，打开"模型信息"面板，设置场景单位等，如下左图所示。

Step 02 执行"文件＞导入"命令，打开"打开"对话框，设置文件类型为AutoCAD文件，选择需要的AutoCAD文件，如下右图所示。

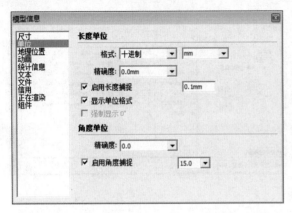
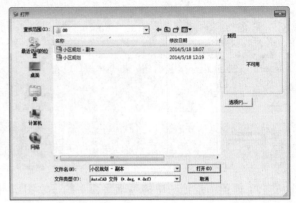

Step 03 单击"选项"按钮，打开"导入AutoCAD DWG/DXF选项"对话框，勾选相关复选框，设置比例单位为"毫米"，如下左图所示。

Step 04 设置完成后，将规划图导入，并移动到坐标原点，如下右图所示。

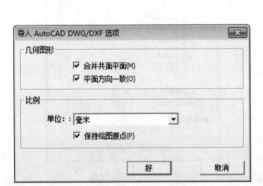
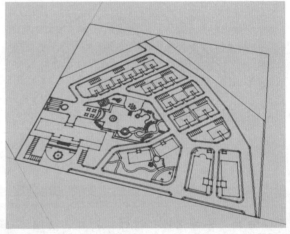

知识链接

在导入文件之前，一定要注意模型单位的设置，在"导入AutoCAD DWG/DXF选项"对话框中勾选"合并共面平面"复选框，可以将共面的直线直接转换成面；勾选"平面方向一致"复选框，可以确保所有导入的图形线条的法线方向一致，在后续操作中保证构建的面的统一。

Step 05 执行"窗口＞样式"命令，打开"样式"面板，在"编辑"面板中的"边线"选项下，仅勾选"显示边线"复选框，如下左图所示。

Step 06 调整后的效果如下右图所示。

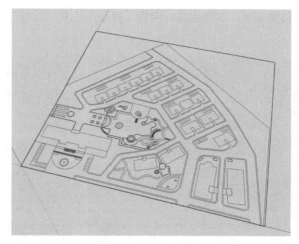

Section 02 制作小区住宅楼

在SketchUp中制作建筑模型需要参照标准的AutoCAD规划图纸，利用导入的平面图纸来建立单体建筑，从而根据规划图中的布局创建建筑群。

01 制作建筑墙体模型

因本案例是要制作大面积的小区规划模型，因此在制作建筑模型时，可以省略很多细节部分的制作，以优化建模速度。操作步骤如下。

Step 01 制作单层墙体轮廓。激活"线条"工具，捕捉平面图绘制小区建筑墙体轮廓并成组，如下左图所示。

Step 02 双击进入编辑模式，激活"偏移"工具，将边线向内偏移240mm，如下右图所示。

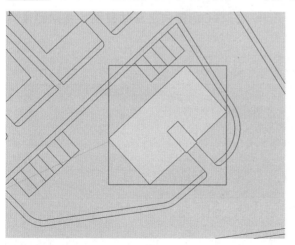

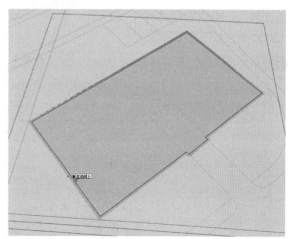

Step 03 激活"推/拉"工具，向上推出3200mm的墙体高度，如下左图所示。

Step 04 退出编辑模式，选择墙体，激活"移动"工具，按住Ctrl键向上移动复制出二楼墙体，如下右图所示。

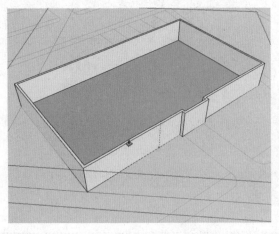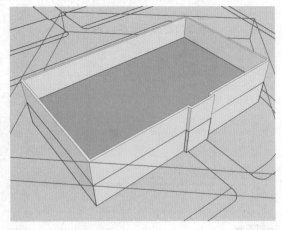

Step 05 制作入口门洞。双击一层墙体进入编辑模式，激活"线条"工具，为一层入口分割出2400mm×2600mm的门洞轮廓，如下左图所示。

Step 06 激活"推/拉"工具，将面向内推出240mm，创建出门洞，如下右图所示。

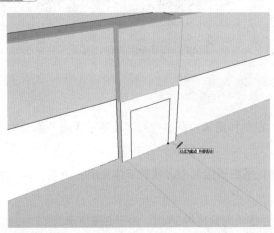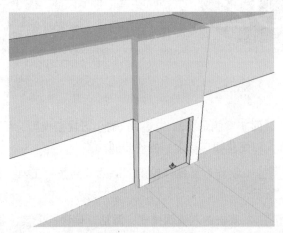

Step 07 在墙体左侧选择下方线条，激活"移动"工具，按住Ctrl键向上移动复制，移动距离为1000mm，如下左图所示。

Step 08 再次向上复制移动1600mm，如下右图所示。

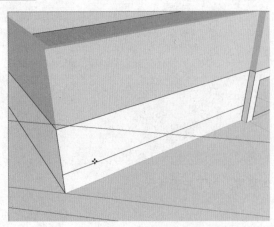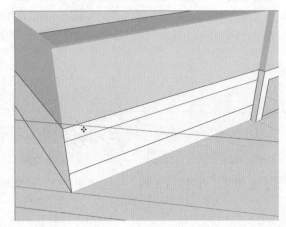

Step 09 将左边线分别向右移动复制，如下左图所示。

Step 10 删除多余线条，如下右图所示。

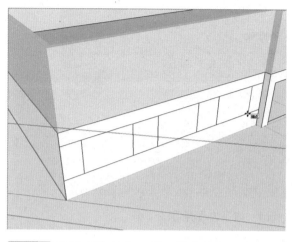 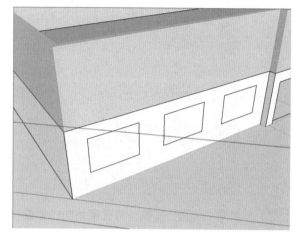

Step 11 激活"推/拉"工具，推出窗洞，如下左图所示。

Step 12 使用同样方法制作右侧墙体及背面墙体的窗洞，隐藏二层模型，如下右图所示。

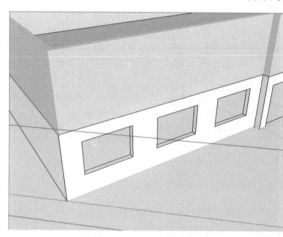 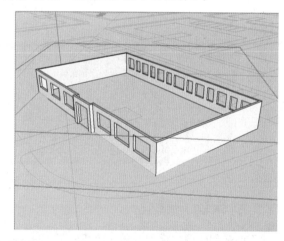

Step 13 激活"线条"工具，绘制顶部平面，如下左图所示。

Step 14 取消隐藏二层模型，按照前面的操作步骤制作二层窗洞，如下右图所示。

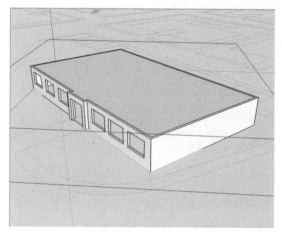 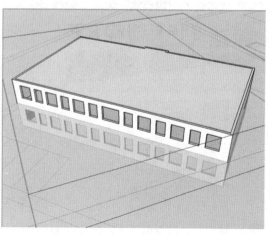

Step 15 选择二层模型，向上移动复制出多层，如下左图所示。

Step 16 激活"线条"工具，捕捉顶面绘制平面并成组，如下右图所示。

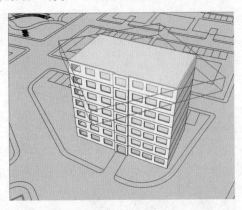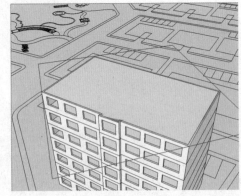

Step 17 激活"偏移"工具，将轮廓线向内部偏移240mm，如下左图所示。

Step 18 激活"推/拉"工具，向上推出1200mm的墙体，如下右图所示。

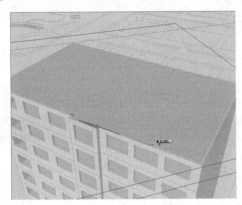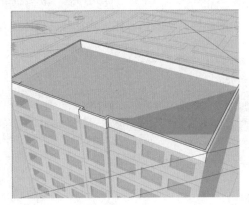

02 制作窗户模型

下面来创建窗户模型。操作步骤如下。

Step 01 将视口移动到一层窗洞处，激活"矩形"工具，捕捉窗洞绘制平面并成组，如下左图所示。

Step 02 双击进入编辑模式，激活"偏移"工具，将边线向内偏移100mm，如下右图所示。

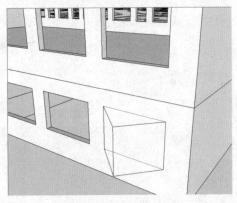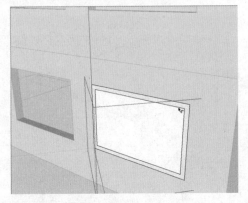

Step 03 使用与之前类似的方法制作60mm且有一定厚度的四个窗扇，如下左图所示。

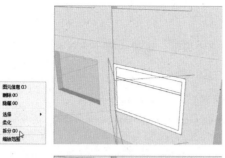
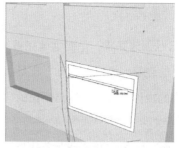

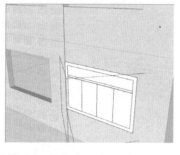
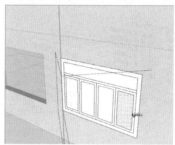

Step 04 照此制作其他窗洞的窗户，如下右图所示。

Step 05 向上复制窗户模型，如下左图所示。

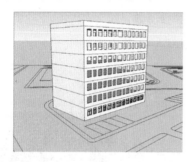

Step 06 移动视口至建筑底部，激活"线条"工具，捕捉墙体绘制平面，如下右图所示。

Step 07 双击进入编辑模式，激活"推/拉"工具，将平面向上推出300mm，如下左图所示。

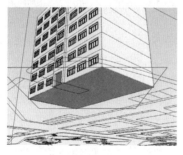
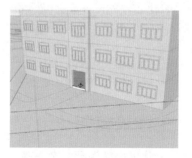

Step 08 选择整个建筑模型，将其成组，如下右图所示。

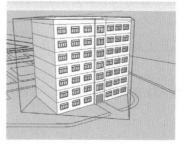

03 完善住宅楼模型

一栋建筑模型已经创建完成，下面继续完善其他建筑模型，场景中操作步骤如下。

Step 01 选择创建好的建筑，激活"移动"工具，按住Ctrl键进行移动复制，如下左图所示。

Step 02 再按照前面的操作方法，创建出后面的住宅区建筑，如下右图所示。

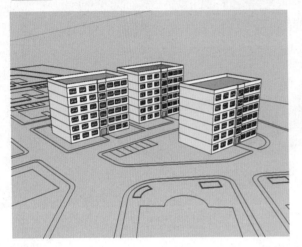 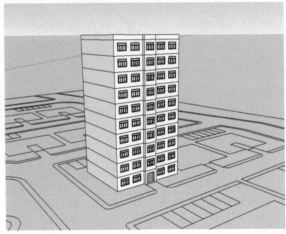

Step 03 再对创建好的建筑模型进行复制，并适当调整楼层数，如下左图所示。

Step 04 接着创建出其余的住宅建筑及活动中心建筑模型，如下右图所示。

 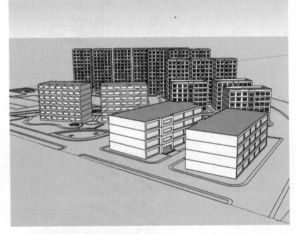

04 制作售楼处建筑模型

售楼处模型相较于住宅楼来说要复杂一些，最主要的是入口处的旋转门的制作，具体操作步骤如下。

Step 01 使用"线条"工具、"偏移"工具、"推/拉"工具，绘制售楼处一层墙体轮廓并成组，如下左图所示。

Step 02 为一层墙体创建窗洞及门洞，如下右图所示。

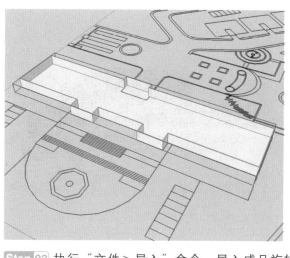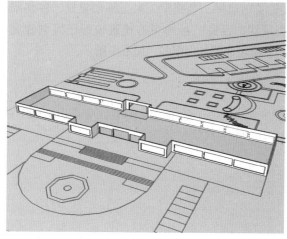

Step 03 执行"文件 > 导入"命令，导入成品旋转门模型及玻璃门模型，复制模型并调整到合适位置，如下左图所示。

Step 04 激活"线条"工具，为一层模型封顶，如下右图所示。

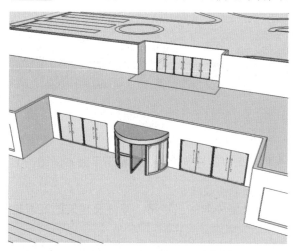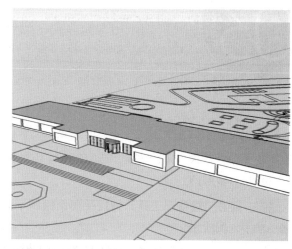

Step 05 选择一层模型，激活"移动"工具，按住Ctrl键向上移动复制，如下左图所示。

Step 06 双击二层进入编辑模式，将门洞修改为窗洞，如下右图所示。

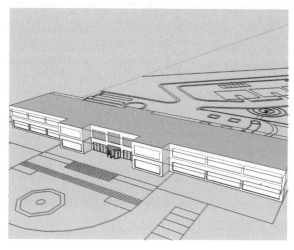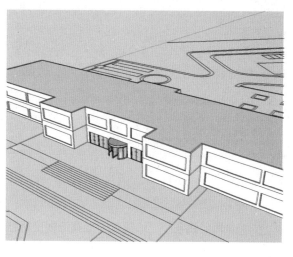

Step 07 选择二楼模型，向上移动复制，并将模型成组。至此，场景中的建筑模型已经创建完毕，取消隐藏其他模型，如右图所示。

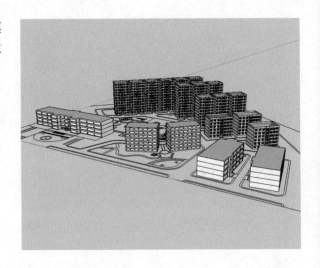

Section 03

完善场景布局

本场景中的模型已经创建完毕，接着来制作地面上的道路及草坪等造型，使场景更加真实。

01 制作地面布局轮廓

由于场景较大，运行很慢，在制作地面场景时首先将场景中的建筑隐藏，仅留下平面布局图。下面介绍操作步骤。

Step 01 激活"线条"工具，捕捉平面图绘制平面轮廓，这里先勾画出道路、草坪及建筑的底面轮廓，如下左图所示。

Step 02 激活"推/拉"工具，将地面平面向下推出200mm，如下右图所示。

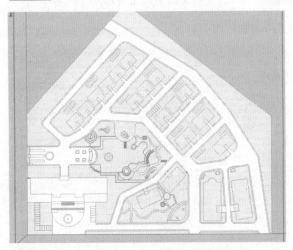
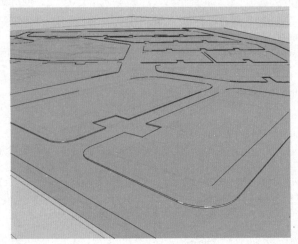

Step 03 使用"线条"、"圆弧"工具绘制出路挡，如下左图所示。

Step 04 激活"推/拉"工具，推出路挡的高度，如下右图所示。

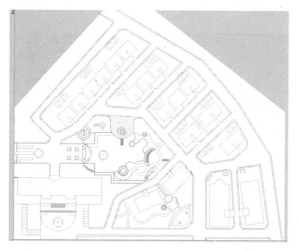
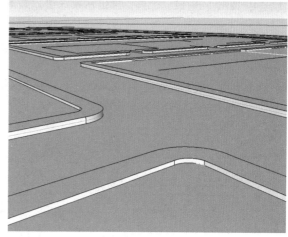

Step 05 使用"线条"、"圆弧"工具绘制出草坪中的小路轮廓，如下左图所示。

Step 06 激活"推/拉"工具，将小路平面向下推出100mm，如下右图所示。

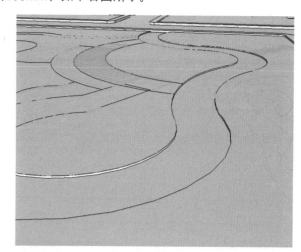

Step 07 勾画出住宅前方娱乐休闲区平面轮廓，如下左图所示。

Step 08 激活"推/拉"工具，分别推出地面高度，如下右图所示。

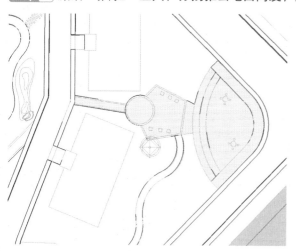
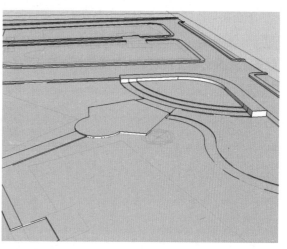

Step 09 使用"线条"、"圆弧"工具绘制出水景区轮廓，如下左图所示。

Step 10 激活"推/拉"工具，推出水景深度，如下右图所示。

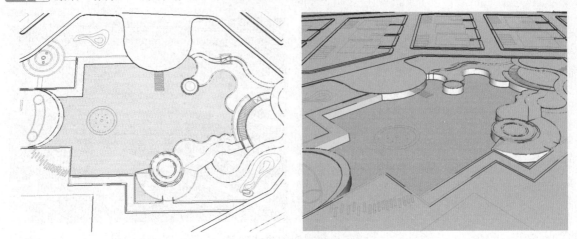

Step 11 分别绘制水景区岸边的地面造型，如下左图所示。

Step 12 将视口移动到售楼大厅处，制作出地面阶梯等，如下右图所示。

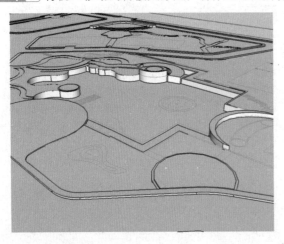
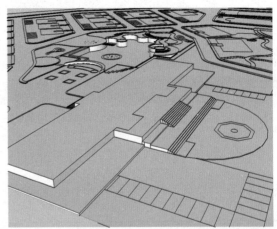

02 制作小品模型

下面来制作场景中的部分小品模型，操作步骤如下。

Step 01 制作假山。将视口移动到水景区，激活
"线条"工具，捕捉绘制假山等高线并成组，如右
图所示。

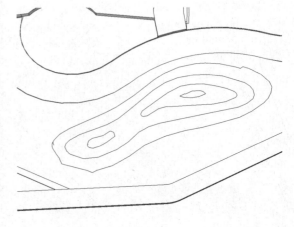

Step 02 双击进入编辑模式，激活"推/拉"工具，推出厚度，如下左图所示。

Step 03 选择等高线，在沙盒工具栏中单击"根据等高线创建"按钮，即可形成假山模型，如下右图所示。

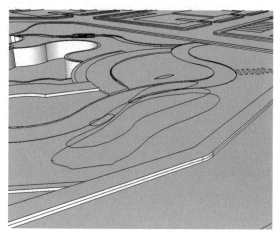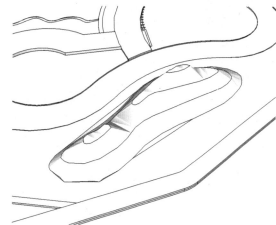

Step 04 按照这种方法制作其他假山模型，并调整位置，如下左图所示。

Step 05 激活"线条"工具，勾画出石板小路轮廓并成组，如下右图所示。

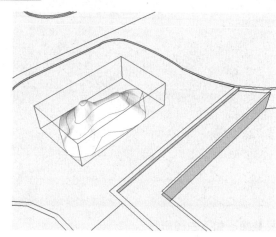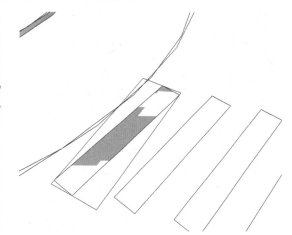

Step 06 双击进入编辑模式，激活"推/拉"工具，推出石板厚度，如下左图所示。

Step 07 选择模型，激活"移动"工具，按住Ctrl键，捕捉平面图进行移动复制，如下右图所示。

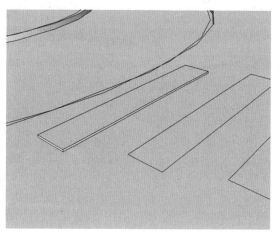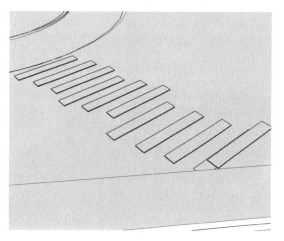

Step 08 使用同样方法制作其他位置的石板小路，如下左图所示。

Step 09 制作栏杆。使用"矩形"工具与"推/拉"工具制作出栏杆组件并成组，如下右图所示。

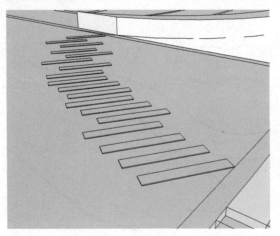 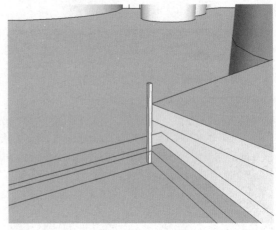

Step 10 选择该组件，进行复制并成组，如下左图所示。

Step 11 双击进入编辑模式，激活"线条"工具，沿栏杆绘制一条轮廓线，如下右图所示。

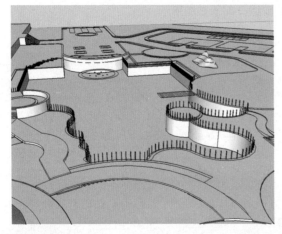 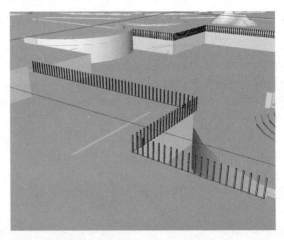

Step 12 激活"线条"工具，绘制一个矩形框作为栏杆截面，如下左图所示。

Step 13 选择轮廓线，激活"跟随路径"工具，在截面上单击，即可创建出栏杆扶手造型，调整位置，如下右图所示。

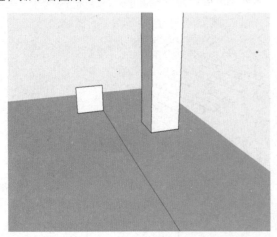 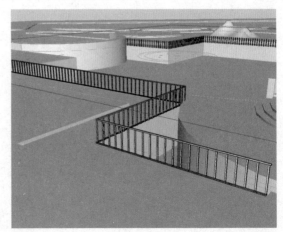

Step 14 照此制作出其他位置的栏杆扶手，完成栏杆的制作，如下左图所示。

Step 15 执行"文件＞导入"命令，为场景导入路灯模型，如下右图所示。

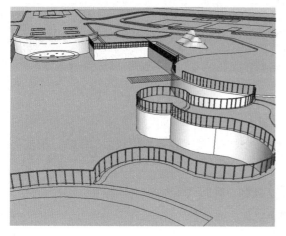 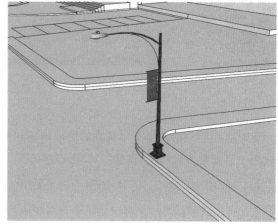

Step 16 为整体场景复制路灯，并调整间距，如下左图所示。

Step 17 再导入多种植物模型并进行复制，如下右图所示。

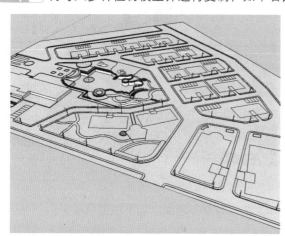 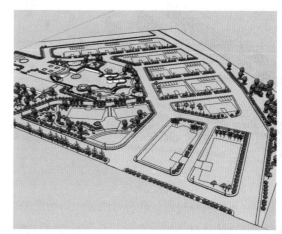

Step 18 为主要视角位置导入汽车模型，如下左图所示。

Step 19 最后导入其他模型，取消隐藏建筑物，并调整位置及高度，如下右图所示。

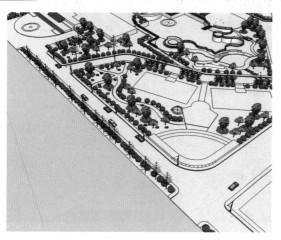 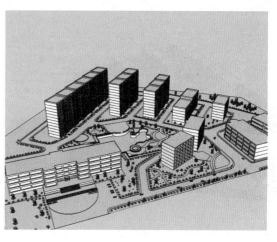

Section 04 完善场景效果

场景模型制作完毕后，就需要对场景进行效果的完善，为其添加贴图及阴影等，使场景更加真实生动。

01 添加贴图

本场景中面积范围较大，但是需要的材质贴图不多，最主要的是覆盖面积较大的道路、植被及建筑物等，下面来为它们赋予材质。操作步骤如下。

Step 01 制作植被材质，并将材质赋予到场景中的草坪对象，如下左图所示。

Step 02 制作路面材质，并将材质赋予到场景中的路面对象，如下右图所示。

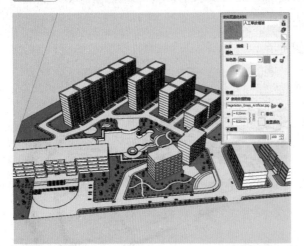
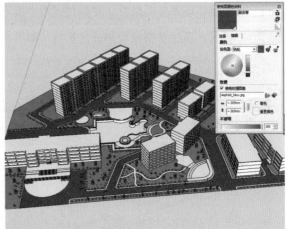

Step 03 制作地砖材质，并将材质赋予到场景中的广场、路挡等室外地面，如下左图所示。

Step 04 将视口移动到水景区，双击地面进入编辑模式，选择水池底部平面，向上移动复制，作为水面，如下右图所示。

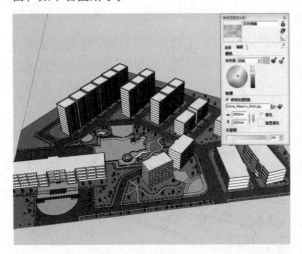
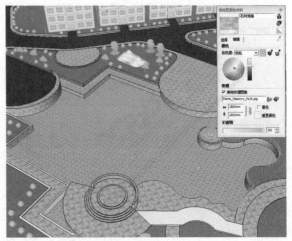

Step 05 制作水材质，并将材质赋予到场景中的水面，如下左图所示。

Step 06 制作假山材质，并将材质赋予到场景中的假山，如下右图所示。

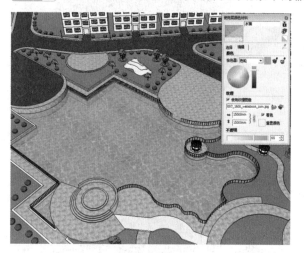 

Step 07 制作木质材质，并将材质赋予到场景中的木栈道、栏杆等，如下左图所示。

Step 08 创建墙面和玻璃材质，为场景中的建筑物及窗户等赋予材质，最终效果如下右图所示。

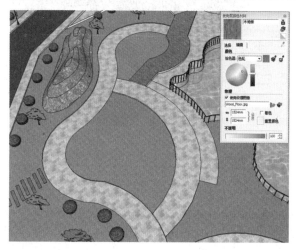 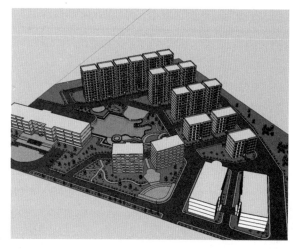

02 制作阴影效果

当场景中的模型及材质等都创建完毕后，最后一步就是为场景添加阴影效果，利用阴影工具使场景产生明暗对比。场景中的住宅区建筑是正面朝南的，这里就需要将整个场景模型进行适当旋转。下面介绍操作步骤。

Step 01 按Ctrl＋A键全选场景中的模型，激活"旋转"工具，将整体模型进行旋转，如下左图所示。

Step 02 执行"窗口＞阴影"命令，打开"阴影设置"面板，开启阴影显示，如下右图所示。

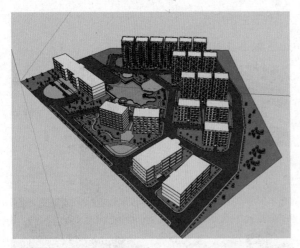
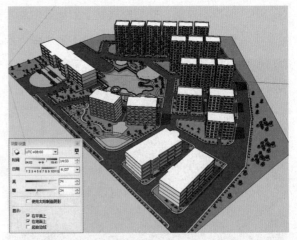

Step 03 拖动滑块调整时间、日期以及阴影的亮暗显示，至此完成本章案例的制作，如右图所示。

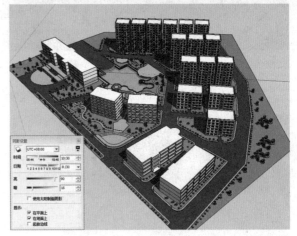

Chapter
09

海上度假别墅设计

　　本章中要制作的场景为海上度假别墅。较之第7章所介绍的别墅类型，本章要制作的建筑造型更加独特，制作方法也更为繁复，需要仅根据平面图来制作出整体模型，涉及到的软件操作知识更加广泛。

重点难点

● 建筑模型的绘制

● 门窗模型的绘制

● 栏杆模型的绘制

● 场景的完善

建模前的准备工作

SketchUp建模对于设计师来说并不同于描图，而是再设计的一个过程。是从平面阶段提升到立体形态的一个重要设计阶段。对于整体方案阶段的推敲、细化、调整乃至到下阶段的扩展，施工图都有一定的参考和认知的价值。

01 在AutoCAD中简化图样

成套的AutoCAD图纸不需要全部导入SketchUp。下面来对AutoCAD图纸进行简化整理。

Step 01 启动AutoCAD程序，打开需要的AutoCAD文件，可以看到文件中的图形较为简洁，如下左图所示。

Step 02 删除图形中的填充图案及辅助线等，并将所有图形统一到同一图层中，再清理冗余文件，选择并复制一层平面，创建一个空白的AutoCAD文档，粘贴并保存，如下右图所示。

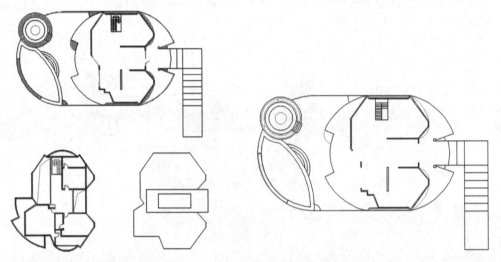

Step 03 通过相同的方法整理其他平面图，并分开保存，如下图所示。

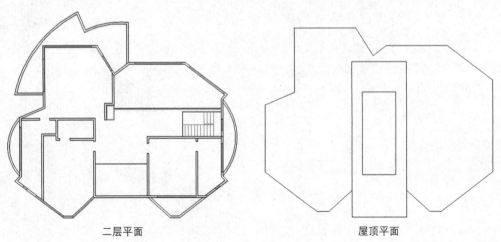

二层平面　　　　　　　　　　屋顶平面

02　将AutoCAD文件导入SketchUp

在AutoCAD中将建筑图纸整理好之后，即可将其分别导入到SketchUp中，进行模型的初步创建，操作步骤如下。

Step 01 打开SketchUp程序，执行"窗口>模型信息"命令，打开"模型信息"面板，设置模型单位等，如下左图所示。

Step 02 执行"文件>导入"命令，打开"打开"对话框，设置文件类型为AutoCAD文件，并选择需要的AutoCAD文件，如下右图所示。

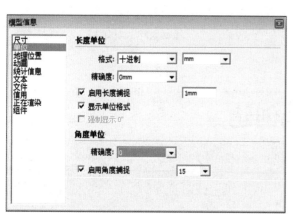

Step 03 单击"选项"按钮，打开"导入AutoCAD DWG/DXF选项"对话框，勾选相关复选框并设置比例单位等，如下左图所示。

Step 04 设置完毕后即可将AutoCAD图纸导入到SketchUp中，如下右图所示。

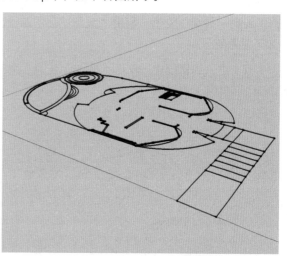

Step 05 执行"窗口>样式"命令，打开"样式"面板，在"编辑"面板中取消勾选"轮廓"、"延长"、"端点"复选框，如下左图所示。

Step 06 设置完成后即可看到场景中导入的图纸发生了变化，边线更加细致，如下右图所示。

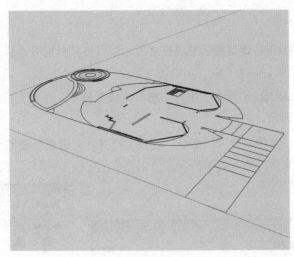

Section 02

建筑模型的设计及创建

本次建模的主要思路是通过平面布局图绘制再结合设计思维来制作建筑模型，这需要设计者对常用建筑尺寸等知识有一定的了解。

01 制作一层室内外模型

下面进行一层室内外模型的创建，具体操作步骤如下。

Step 01 绘制一层墙体轮廓。利用"线条"、"圆"及"圆弧"工具捕捉绘制整体外轮廓，并将其成组，如下左图所示。

Step 02 双击进入编辑模式，激活"推/拉"工具，向下推出地面厚度，如下右图所示。

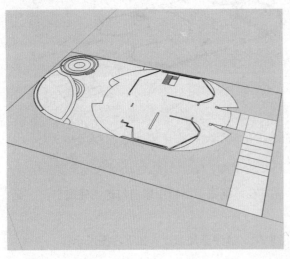

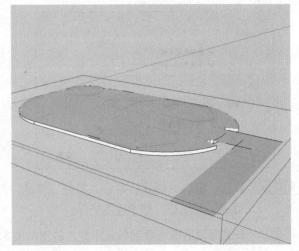

Step 03 继续利用"线条"、"圆弧"工具绘制内部细节轮廓，如下左图所示。

Step 04 激活"推/拉"工具，推出墙体、地面、泳池、阶梯等模型结构，如下右图所示。

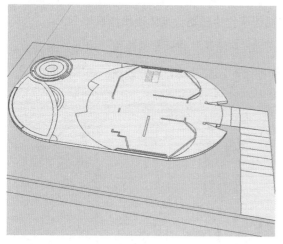 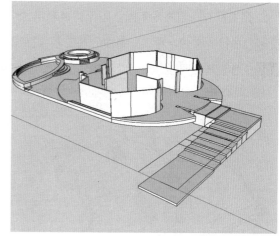

Step 05 将视口移动到海面栈道，修改栈道阶梯造型，删除多余线条，如下左图所示。

Step 06 为栈道阶梯底部制作6条支架，如下右图所示。

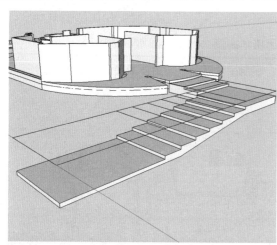 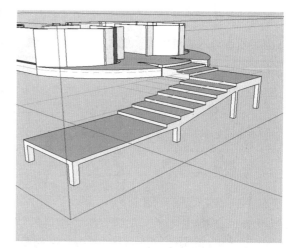

Step 07 使用同样方法为建筑下方制作支架，如下左图所示。

Step 08 利用"移动"、"推/拉"工具制作出门洞和窗洞，并删除多余线条，如下右图所示。

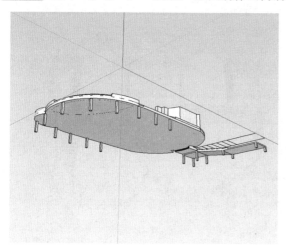 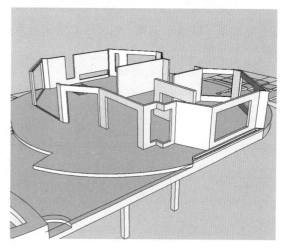

02 制作二层墙体模型

二层布局与一层布局不同，因此需要利用二层平面图来作为辅助，具体操作步骤如下。

Step 01 执行"文件>导入"命令，将二层平面图导入到当前场景，并调整其位置，如下左图所示。

Step 02 隐藏其他图形，激活"线条"工具，捕捉平面图绘制二层建筑轮廓并成组，如下右图所示。

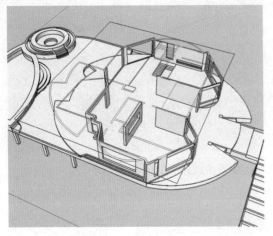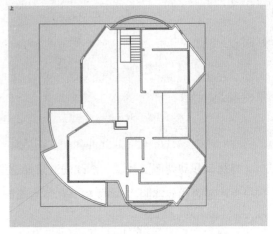

Step 03 双击进入编辑模式，激活"推/拉"工具，推出墙体高度，如下左图所示。

Step 04 利用"移动"、"推/拉"工具制作出门洞窗洞，窗洞要注意与一层窗洞衔接上，如下右图所示。

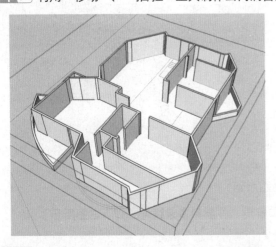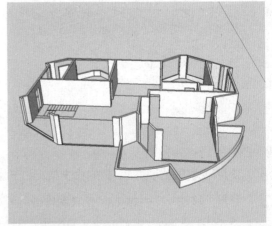

Step 05 激活"线条"工具，划分出二层地面悬空部分，如右图所示。

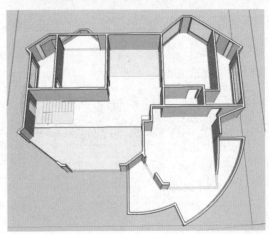

Step 06 删除悬空部分,激活"推/拉"工具,将地面向下推出,完成二层墙体模型的创建,如下左图所示。

Step 07 激活"线条"工具,捕捉平面图绘制墙角处的轮廓,如下右图所示。

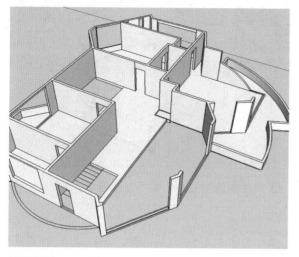 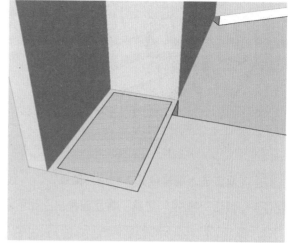

Step 08 激活"推/拉"工具,将边框向上推出50mm,将里面的面向下推出50mm,如下左图所示。

Step 09 至此完成二层墙体模型的创建,如下右图所示。

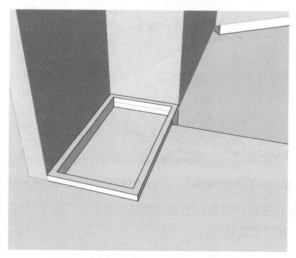 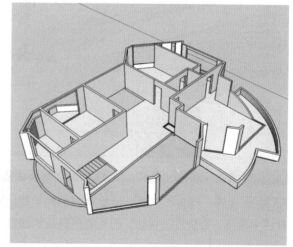

03 制作屋顶及天窗

本场景中的屋顶造型较为独特,但是制作起来很简单,具体操作步骤如下。

Step 01 导入屋顶平面图,并调整位置,如下左图所示。

Step 02 这里的屋顶分为两个部分,需要分开制作。激活"线条"工具,捕捉平面图中间位置绘制屋顶轮廓并成组,如下右图所示。

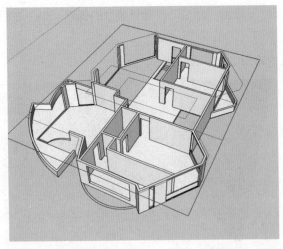 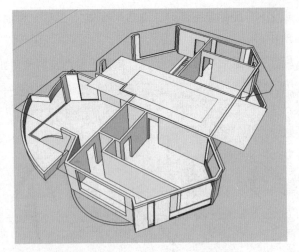

Step 03 双击进入编辑模式，利用〝圆弧〞、〝线条〞工具绘制造型立面，如下左图所示。

Step 04 激活〝推/拉〞工具，将立面推出，如下右图所示。

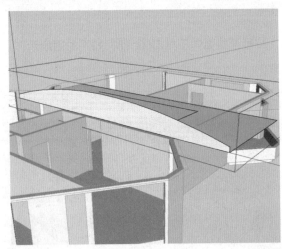 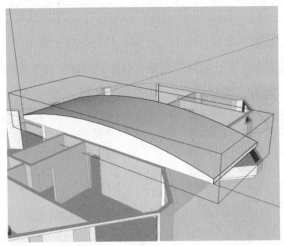

Step 05 激活〝选择〞工具，按住Ctrl键进行移动复制，如下左图所示。

Step 06 激活〝线条〞工具，捕捉底部的角点向上绘制线段，使其与上面的弧线相交。在〝样式〞工具栏中单击〝后边线〞按钮，即可看到透视的线条，如下右图所示。

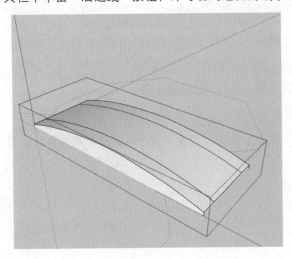 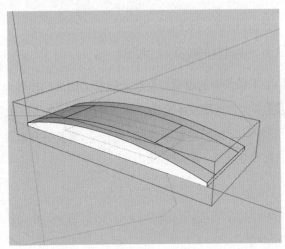

Step 07 删除上下被分割出的面，再删除多余的线条并取消显示后边线，如下左图所示。

Step 08 隐藏屋顶造型，仅留屋顶平面图，激活"线条"工具，捕捉绘制屋顶轮廓图并成组，如下右图所示。

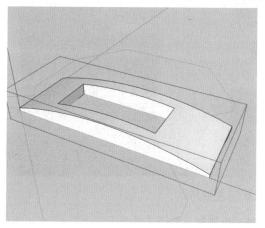 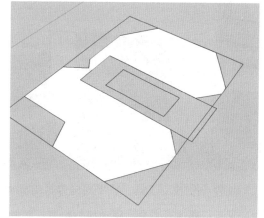

Step 09 双击进入编辑模式，激活"推/拉"工具，将平面向上推出，如下左图所示。

Step 10 取消隐藏其他创建好的模型，并调整位置及高度，如下右图所示。

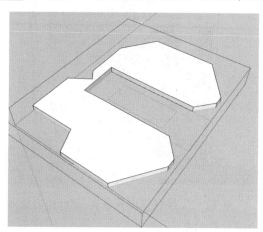 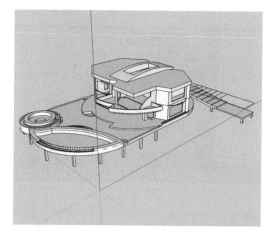

Section 03 制作门窗及栏杆模型

本场景位于海中小岛，光线明亮，除入户处的门外，其他门窗均采用了透明玻璃，更加符合热带区域海边建筑的特点，且模型制作起来也较为简单。

01 制作门模型

制作门模型的操作步骤如下。

Step 01 首先来制作入户门，激活"矩形"工具，捕捉绘制2600mm×300mm的矩形，并将其成组，如下左图所示。

Step 02 双击进入编辑模式，激活"偏移"工具，将边框向内偏移60mm，如下右图所示。

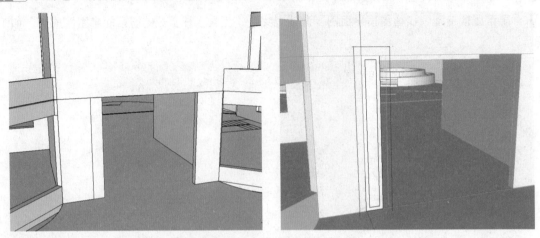

Step 03 激活"推/拉"工具，将平面向内推出4mm，如下左图所示。

Step 04 激活"移动"工具，移动模型位置，再向右侧进行复制，如下右图所示。

Step 05 双击一层模型进入编辑模式，利用"线条"、"推/拉"工具制作出两条宽300mm的墙体，如下左图所示。

Step 06 利用"矩形"、"推/拉"工具制作出1800mm × 2600mm × 60mm的长方体作为入户门模型，如下右图所示。

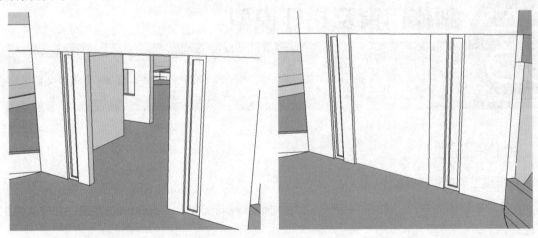

Step 07 激活"矩形"工具，捕捉墙体模型门洞绘制矩形并且成组，如下左图所示。

Step 08 双击进入编辑模式，激活"偏移"工具，将矩形边框向内偏移60mm，如下右图所示。

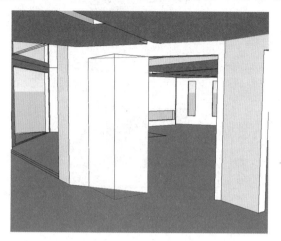 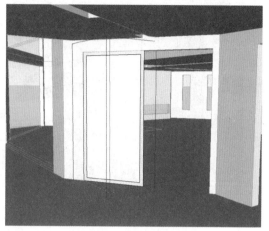

Step 09 激活"推/拉"工具，将内部的面向内推出40mm，完成一扇玻璃门的制作，如下左图所示。

Step 10 选择门模型，激活"移动"工具，调整玻璃门的位置，如下右图所示。

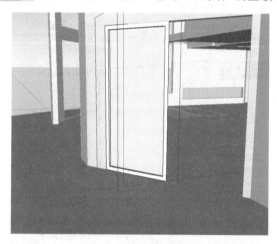 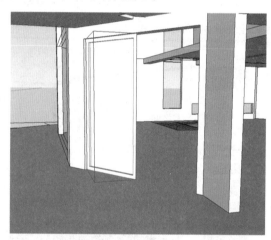

Step 11 复制玻璃门，如下左图所示。

Step 12 制作旁边的门模型，如下右图所示。

Step 13 制作二楼阳台的门模型，如下图所示。

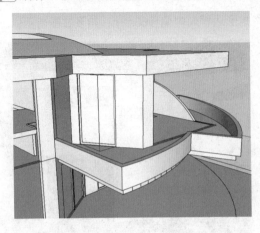
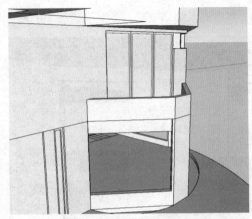

02 制作窗模型

下面来制作窗户模型，同制作门模型的操作方法相似，具体操作步骤如下。

Step 01 激活"矩形"工具，捕捉墙体绘制矩形并成组，如下左图所示。

Step 02 双击进入编辑模式，利用"偏移"、"推/拉"工具制作出窗户模型，如下右图所示。

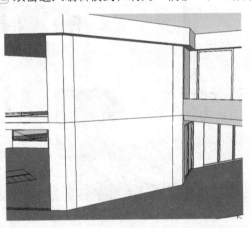

Step 03 将视口移动到另一窗户处，利用前面的操作方法制作出窗户外框，如下左图所示。

Step 04 选择下方线条并单击右键，在弹出的快捷菜单中单击"拆分"命令，如下右图所示。

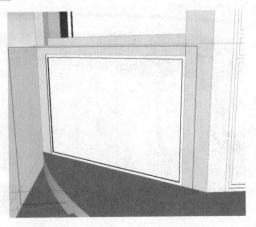
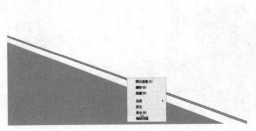

Step 05 将线条拆分为4份，激活"线条"工具，将面分割为四块，如下左图所示。

Step 06 激活"偏移"工具，偏移出窗框轮廓，如下右图所示。

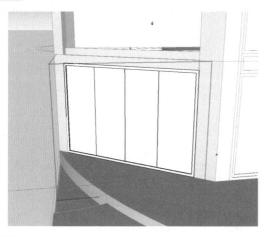 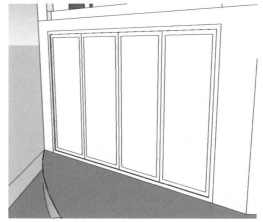

Step 07 激活"推/拉"工具，推出玻璃面，如下左图所示。

Step 08 按照前面的操作方法，完成一层二层窗户模型的制作，如下右图所示。

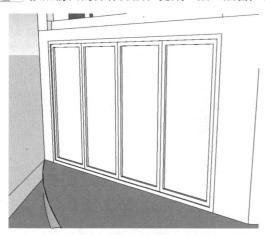 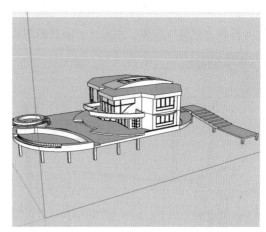

03 制作栏杆模型

二层有两个阳台，栏杆制作起来较为简单，具体操作步骤如下。

Step 01 激活"线条"工具，沿阳台轮廓绘制一条轮廓线，再利用"圆"工具绘制一个半径为20mm的圆形，如右图所示。

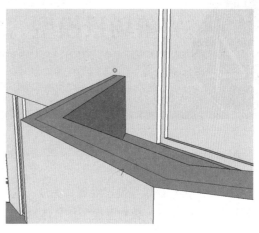

Step 02 将其成组，双击进入编辑模式，选择边线，激活"跟随路径"工具，单击圆形截面创建出栏杆扶手，如下左图所示。

Step 03 删除路径边线，调整扶手位置，利用"圆"、"推/拉"工具制作出圆柱体的栏杆支架并调整位置，如下右图所示。

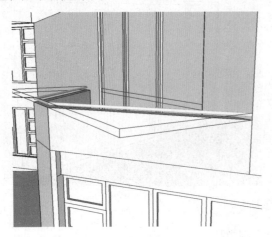 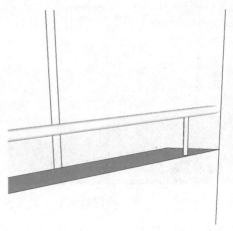

Step 04 复制栏杆支架，完成该阳台的栏杆的制作，如下左图所示。

Step 05 按照上述操作步骤，完成另一阳台的制作，如下右图所示。

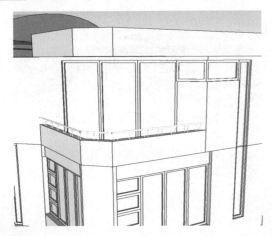 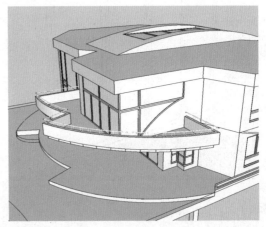

Section 04 完善场景模型

主体建筑模型创建完毕后，还需对建筑外部场景进行完善，如添加室外模型、为模型赋予材质、为场景添加背景等。

01 布置室外场景

本场景中的主体建筑模型已经创建完成，这里需要继续创建室外场景模型，如海面、小岛等，另外还需要添加一些家具、植物等模型。具体操作步骤如下。

Step 01 切换至顶视图，在"沙盒"工具栏中单击"根据网格创建"按钮，在视图中绘制一个网格，如下左图所示。

Step 02 隐藏建筑模型，双击网格进入编辑模式，单击"沙盒"工具栏中的"曲面拉伸"按钮，创建出山地地形，如下右图所示。

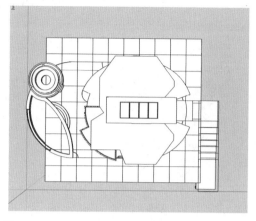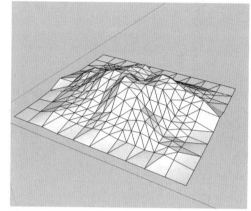

Step 03 取消隐藏建筑模型，并将其成组，移动至山地网格上方，如下左图所示。

Step 04 激活"徒手画"工具，在建筑底部绘制一个不规则平面，如下右图所示。

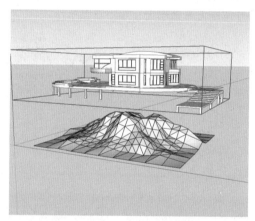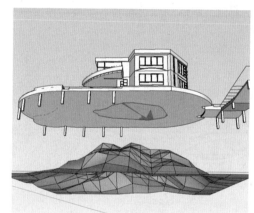

Step 05 选择平面，单击"沙盒"工具栏中的"曲面平整"按钮，再单击下方的山地网格，制作出一片平整地面，如下左图所示。

Step 06 激活"移动"工具，调整建筑位置，如下右图所示。

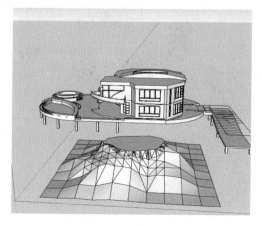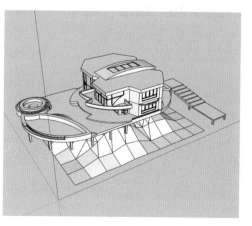

Step 07 双击山地网格进入编辑模式，全选网格，单击"沙盒"工具栏中的"添加细部"按钮，对网格进一步细化，如下左图所示。

Step 08 右键单击，在弹出的快捷菜单中单击"软化/平滑边线"命令，打开"柔化边线"面板，适当调整参数，如下右图所示。

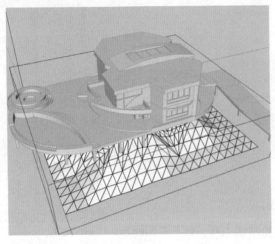
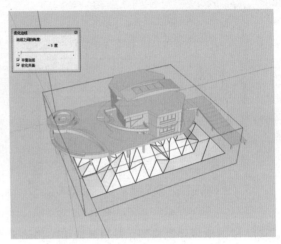

Step 09 删除多余的网格线，如下左图所示。

Step 10 利用"矩形"、"推/拉"工具制作出一个长方体作为海面模型，如下右图所示。

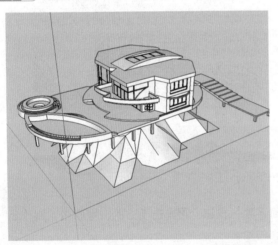
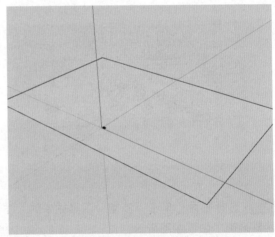

Step 11 执行"文件>导入"命令，为场景中导入家具、植物等模型，如右图所示。

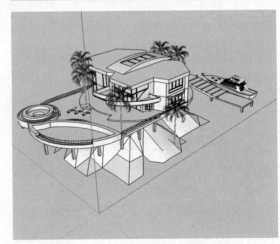

02 添加贴图

接下来需要创建场景中物体对象的材质，操作步骤如下.

Step 01 创建海水材质，并赋予到当前场景中的海水，如下左图所示。

Step 02 创建石头材质，并赋予到当前场景中的小岛，如下右图所示。

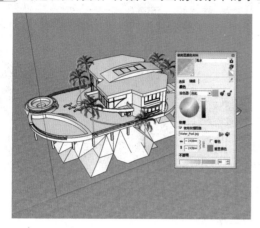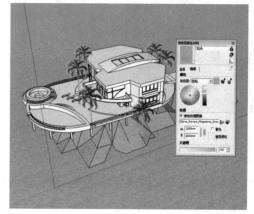

Step 03 创建马赛克材质，并赋予到场景中泳池内壁，如下左图所示。

Step 04 选择泳池底部的面，向上移动复制，如下右图所示。

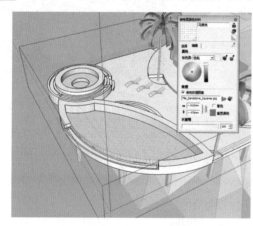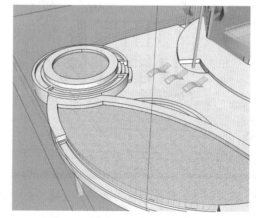

Step 05 创建泳池水材质，赋予到当前场景中，如下左图所示。

Step 06 创建草皮材质，赋予到当前场景中，如下右图所示。

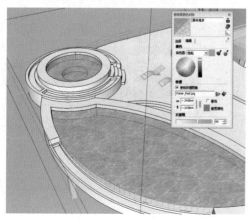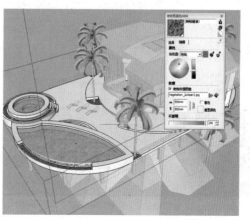

Step 07 创建木地板材质，赋予到场景中，如下左图所示。

Step 08 创建玻璃材质，赋予到场景中，如下右图所示。

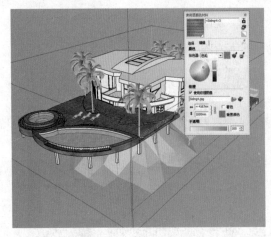 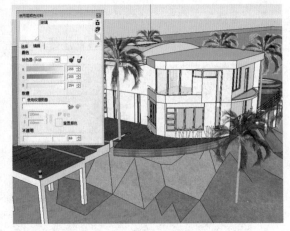

Step 09 创建窗框材质，赋予到场景中，如下左图所示。

Step 10 创建蓝色外墙漆材质，赋予到场景中，如下右图所示。

Step 11 再次创建木地板材质，赋予到二楼地面，如下左图所示。

Step 12 最后，对场景中的模型进行再次调整，如下右图所示。

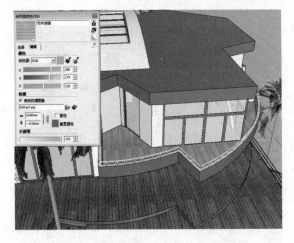 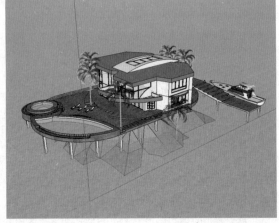

03 制作环境效果

最后需要为场景添加背景及阴影效果，进一步美化场景，操作步骤如下。

Step 01 执行"窗口＞样式"命令，打开"样式"面板，在"编辑"面板中设置背景及天空的颜色，如下左图所示。

Step 02 执行"窗口＞阴影"命令，打开"阴影设置"面板，激活"显示/隐藏阴影"按钮，如下右图所示。

Step 03 调整时区，并拖动滑块调整时间、日期及光线明暗度，完成本场景的制作，如右图所示。

Appendix

附 录

课后练习参考答案

Chapter 01

1. 选择题

（1）D　（2）B　（3）B　（4）C　（5）D

2. 填空题

（1）红色 绿色 蓝色

（2）Ctrl Shift

（3）英寸 毫米

（4）一般选择 框选 叉选

Chapter 02

1. 选择题

（1）A　（2）C　（3）C　（4）B　（5）A

2. 填空题

（1）跟随路径

（2）双击鼠标

（3）Shift

（4）-1

Chapter 03

1. 选择题

（1）B　（2）D　（3）C　（4）D　（5）D

2. 填空题

（1）样式

（2）相交 联合 减去

（3）样式面板

（4）鼠标 Ctrl键 Shift键

Chapter 04

1. 选择题

（1）C　（2）B　（3）A　（4）B　（5）C

2. 填空题

（1）与上一段圆弧半径相同

（2）直线 圆弧 圆 曲线

（3）根据等高线创建 根据网格创建 曲面拉伸 曲面平整 曲面投射 添加细部 翻转边线

（4）对角线

Chapter 05

1. 选择题

（1）B　（2）B　（3）B　（4）A　（5）B

2. 填空题

（1）0.0001

（2）JPG BMP TGA TIF PNG

（3）Shift Ctrl

（4）绕轴旋转